論大道

彭富春◎著

人民出版社

目 录

第一章

世 界

一、何谓世界

世界是现成的，也是为人所熟知的。但这并不是因为我们每时每刻都遇到它，而是因为我们已经存在于它之中。人的存在就是在世界之中的存在。我们不仅与世界合为一体，而且也会或多或少地思考和言说它。虽然我们自以为理解了世界的本性，但当我们要讨论它的时候，它却是晦暗不明的。世界如同是一个熟悉的陌生人。我们追问：什么是世界？关于它的答案却是模糊的和歧义的。为何如此？这在于世界以不同形态显示自己。它有全体的，也有局部的；有直接的，也有间接的。同时人对于世界的思考和言说有不同的立场和角度。人从某一种角度看到的世界是一种世界，从另一种角度看到的世界却是另外一种世界。

1. 多义的世界

在日常与哲学语言中，世界有许多不同的语义，但一般主要有如下几种：

第一，世界就是时空。汉语的世界作为一个词由"世"与"界"两个独立的字组成。它们分别具有自己的意义。"世"意味着时间。但它不仅指一般的时间，而且指特别的时间，即一个时代；"界"意味着空间。但它不仅指一般的空间，而且指特别的空间，即一个地方。所谓时间一般指物理时间，也就是从过去经现在到将来的流逝，具有绵延性。所谓空间一般指物理空间，也就是由长度、宽度和高度所构成的三维，具有广延性。时间与空间虽然各自的意义不同，但它们实际上不可分割。没有绝对孤立的时间和绝对孤立的空间。既不存在没有空间的时间，也不存在没有时间的空间。时间总是空间的时间，空间也总是时间的空间。世界就是时间与空间的共同构成。世界除了称为时空之外，也称为宇宙。一般而言，上下左右为宇，古往今来为宙。上下左右是空间，古往今来是时间。这就是说，宇宙如同世界一样，也意味着时间和空间的统一。

虽然世界指时间与空间的统一，但它不是指没有任何存在者的纯粹的时间和空间，而是指一切时间性和空间性的存在者。既没有脱离了存在者的空洞的时间和空间，也没有脱离了时间和空间的独立的存在者。时空总是存在者的时空，存在者也总是时空的存在者。存在者的存在既不是在时间和空间之外，也不是在时间和空间之内。如果说存在者在时空之外的话，那么这意味着存在者是无时空的；如果说存在者在时空之内的话，那么这意味着时空是外在于存在者的。实际上一切存在者的存在具有时间性和空间性，亦即具有绵延性和广延性。这些存在者既包括地球上的矿物、植物和动物，也包括天空中的日月星辰。

虽然世界内的个别的存在者是有限的，也就是其空间与时间是有限的，但作为整体的存在者亦即世界是无限的。世界的时间是无限的，既没有一个过去的开端，也没有一个未来的终结。如果过去的时间有一个开端的话，那么这也就设想了一个开端之前的无时间性；如果未来的时间有一个终结的话，那么这也就设定了一个终结之后的无时间性。但只要世界存在，就有时间存在，因此不存在无时间。一种无时间性的时间是自相矛盾的。同时，如果设定时间前后的无时间的话，那么无时间和时间之间就有一个边界。但这个边界是无法确定的。此外，无时间与时间之间的相互转化在根本上没有可能性。与时间一样，世界的空间也是无限的，既没有一个起点，也没有一个终点。如果世界的空间有一个起点的话，那么这也就设定了一个起点之外的无空间性；如果世界的空间有一个终点的话，那么这也就设定了终点之外的无空间性。但只要世界存在，就有空间存在，因此不存在无空间。一种无空间性的空间是自相矛盾的。同时，如果设定空间前后的无空间的话，那么无空间和空间之间就有一个边界。但这个边界也是无法确定的。此外，无空间与空间之间的相互转化在根本上没有可能性。既然时间与空间是无限的，那么时间性与空间性的存在者也是无限的。这也意味着世界是无限的。

第二，世界等同于全球。但全球也有不同的语义，既可以是地理学的，也可以是政治学的。

地理学的全球指作为宇宙中无数星球之一的地球，是人类居住的地方。它排除了那些非地球的星球，如太阳和月亮。全球不仅包括了大陆、海洋与岛屿，而且还包括了其中的万事万物。作为全球的世界不是封闭的，而是开放的，与地外星球，如太阳和月亮有着密不可分的关系。此外它自身也有演变史，正如人们所说的天翻地覆、沧海桑田。

与地理学的全球不同，政治学的全球指各个民族国家的集合。如此理解的世界既不是地球上的某一单一国家，也不是某些特定国家的联合体，而是包括了地球上的所有国家，如亚洲、欧洲、非洲和美洲等地的国家。在这样的意义上，世界就是国际社会，具有国家间性。

但是世界中的国家并非是同一的，而是有差异的。根据国家的不同层级，人们区分了世界之中的不同世界，它们分别为第一世界、第二世界和第三世界。第一世界是超级大国，过去包括了美国和苏联，但现在只有美国，它是科技、经济、军事和政治等综合国力具有超级霸权的国家；第二世界是发达国家，主要是欧洲等经过了工业化的现代化国家；第三世界是发展中国家，如中国等正从事工业化并力图从前现代走向现代化的国家。

第三，世界意指区域，即不同的范围、领地和地盘等，如动物世界、人类世界、艺术世界和哲学世界等。它们是一些特定存在者所在的地方。这些存在者或者是物质性的，或者是精神性的。它们基于其同一本性而聚集在一起，区分于那些具有差异本性的存在者。鉴于如此的特性，这些世界就拥有自身完全闭合的边界。这个边界不是某种外在附加的标志，而是那些聚集的存在者的同一本性。凡是具有这一本性的存在者就属于这一世界，否则就属于另一世界。但因为存在者的本性不仅是多样的，而且也是变化的，所以其边界的情形也是复杂的。有的世界的边界是明晰的，有的世界的边界是朦胧的。此外，不同的世界之间的边界还存在着交叉、游移和冲突等现象。

第四，世界是人世或人世间。它不同于阴间和天堂。阴间是人世之下的世界，是人死之后成为鬼所生活的地方，那里只有刑罚和痛苦，是一个悲惨的世界。与此相反，天堂是人世之上的世界，是人死之后成为神所生活的地方，那里只有享受和欢乐，是一个极乐的世界。但对于中国人而言，既不存在一个在这个世界之下鬼所居住的阴间，也不存在一个在这个世界之上神所居住的天堂，只有人所居住的这一个世界，也就是人的生活世界。

生活世界是人的世界。人表现为他的生命，也就是他的存在。但人的存在并非是无世界的，而是有世界的。他的存在正好是在世界之中的存在。就人的存在的空间性而言，人生在世是人生天地间。人作为一个存在者生存于大地之上、苍天之下，不仅与他人相伴，而且与天地万物为伍。通过这种共同存在的活动，个人的空间的有限性转化成世界空间的无限性。因此空间意义的世界就是天地人的聚集。就人的存在的时间性而言，人生在世是人在生死间。人出生，就来到了这个世界，因此叫出世；人生活和生产，就存在于世界之中，因此叫在世；人死亡，就离开了这个世界，因此叫离世、去世或者逝世。人生生死死，又死死生生。通过这种生死轮回，个人时间的有限性转化成世界时间的无限性。因此时间意义的世界就是人的生死轮回。人世的空间性和时间性的统一具体化为人在天地之间和在生死之间的统一。

虽然世界有这数种不同的意义，但其最根本的意义只是人的生活世界。为何如此？让我们仔细看看世界的其他语义是如何和生活世界发生关联的，并由其生发出来的。

作为时间和空间统一的世界是在人的生活世界中不断形成的。时间就其自身而言，是永恒的运动和绵延，无所谓过去、现在和未来。这三种时间的区分实际上预设了一个存在于此时的存在者，即人。他不仅是一个时间性的存在者，而且是一个时间运动的衡量者。以人此时的存在为界限，时间得以划分为三段：当前的时间为现在，它是正在到来的；以前的时间为过去，它是已经消失的；以后的时间为将来，它是尚未到来的，或者是将要到来的。同样空间就其自身而言，是无限的广袤和延伸，无所谓上下左右。这四种方位的区分也在实际上预设了一个存在于此地的存在者，即人。他不仅是一个空间性的存在者，而且也是一个空间存在的衡度者。以人此地的存在为中心，空间得以划分为四方：所谓的上下是在人之上和在人之下，所谓的左右也是在人之左和在人之右。这就是说，自然时空虽然看起来只是作为自身的存在，但在实际上也是在人的存在活动中才得到显示并得以区分和标划的。不仅如此，而且人在生活世界中虽然也遵循自然的时间和空间，但建立了自己独特的时间和空间。这些时间与空间就是人的存在的展开。人生天地间，由此确定了天在上，地在下。天是在人之上，地是在人之下。人在生死间，由此划分了生前、活着和死后。生前是人出生之前的时间，活着是人在世的时间，死后是人逝世之后的时间。在人的生活世界中，首先是人的生活的时间，然后才是物理的时间；首先是人的生活的空间，然后才是物理的空间。物理的时间和空间在人的生活世界中与人的存在发生关联并赋予了超物理的意义。也正是在人的生活的时间和空间的基础上，人形成了时间观和空间观。人的时空观是从人的存在产生出来并随着历史改变的。从地球中心说到太阳中心说正是人类时空观改变的典型例证。此外心理时空也是生活时空的衍生形态。人会感觉到时间太短或者太长，空间太小或者太大。之所以人有如此的感觉，是因为他已经存在于这个时间和这个空间之中。这个存在的时间对于人而言太短或者太长，这个存在的空间对于人而言太小或者太大。

至于作为全球的世界也是基于人的生活世界而获得了自身的意义。地理学意义的全球虽然指宇宙中的一个星球，但它在根本上是人所居住的地方。正是通过人的居住，全球才可能成为一个世界。事实上，人类的历史经历了一个从天下观到全球观的转变，同时也是从国家观到世界观的转变。人虽然已经居住在全球的大地上，但他只是活动在他所在的地方。人以此地为中心去观天和天下。所谓的天下就是人所能见到的世界，是一个有限的大地之上的一切存在者，亦即万事万物。天下观所设定的地方包括了三个不同的领域：首先是中心，其次是天边，最后是天边外。天边和天边外不管多么遥远，但始终是以人自身所在的地方为中心的。在中国历史上，人们设想天下的中心为自己的国家，并将之命名为中国，其意义为中央之国；天边是天下的边界，亦即环绕陆地的四海，那里存在其他的国家；天边外的地方是不可见的和尚未知晓的。只是通过地理大发现，人们才从天下的中心穿越到天边，并达到了天边外的地域。这使人们从地方观转向了全球观，也由国家观转向了世界观。不仅是地理学意义的全球，而且政治学意义的全球也是由人的生活世界所决定的。作为世界的政治学意义的全球指国际社会，是各个民族国家的集合。长期以来，地球上的各个民族国家虽然也相互往来，但是只局限于区域交往，并没有形成国际社会。世界或者国际社会的出现只是现代的产物。伴随全球化的运动，各个国家的经济、社会、文化和技术等等聚集在一起。在这样的基础上，国际社会成为一个不可分割的世界整体。

当世界被理解为区域的时候，它也不可能超离人的生活世界，而是处于其中。这在于任何一个区域都是人的生活世界中不同大小的世界，如自然世界、社会世界和心灵世界。不仅如此，而且人们在对于任何区域世界进行探究的时候，都必须将它们置于人的生活世界的整体。

根据上述分析，世界必须被理解为人的生活世界，而不能被理解为其他意义的世界。

2.世界的追问

虽然我们辨明了世界的语义，并确定它在根本上首先必须理解为生活世界，但是对于世界的存在本身，人们还提出了许多质疑。

一个关键的问题是：这个世界是否存在？"世界是否存在？"这一疑问句可以引发三种不同的可能性的回答。第一，世界是存在的；第二，世界是不存在的；第三，世界不确定是存在还是不存在。虽然有这三种可能的回答，但这一疑问句本身意在导致一种否定的回答，即世界是不存在的。这在于肯定的回答"世界是存在的"解决了这个疑问，人们无需怀疑；两可的回答"世界不确定是存在还是不存在"持续保持了这个疑问，是它的另一种语言表达。当"世界是否存在？"这个疑问句转向"世界是不存在的"这个否定句的时候，这就消解了我们所处的世界。这听起来是个惊人的大问题、深问题，但实际上不是真问题，而是假问题。如果世界不存在的话，那么人的存在、思想和语言就失去了根据。人们既不能说世界是存在的，也不能说世界是不存在的。

既然"世界是不存在的"的否定句会遇到一种直接性的反驳，那么它就应该自行消解自身或者是被人消解。尽管这样，但这个问题事实上依然存在着。这就要求人们仔细探究这一问题所包含的真实意义。所谓"世界是不存在的"实际上并不是指这里没有一个世界，而是指这里没有一个真实的世界。在这个意义上，"世界是不存在的"可以改写为"世界虽然是存在的，但它是不真实的"。这就是说世界是虚假的、虚幻的。

如果设立一个事情是虚假的话，那么也设立了其对立面：真实。真实意味着一个事情是其自身，而不是它自身之外的其他任何东西。相反所谓虚假是指一个事物不是其自身，而是它自身之外的其他任何东西。一个事情假借其他东西取代自己，因此这个东西便成为假相；同时一个事情假借其他东西显现自己，因此这个东西便成为现象。这个世界何以成为假相和现象？这在于人们认为存在一个与这个世界不同的真实世界，而这个世界只是真实世界的阴影或者是摹本，因此只是通往真实世界的过渡和桥梁。此外还有一种不同的声音，人们虽然不认可存在一个与这个世界不同的真实世界，但这个世界无我和无常，亦即没有独立不变的自性和没有永恒存在的事物，只是如幻如梦，如露如电。因此世界所显示的真实本性只是空性。

人们所设定的与这个虚假世界不同的另一个真实世界本身只是一个虚构。为什么？这个真实的世界从未将自身向人们完全地显示出来。同时人们也从未将这个真实的世界加以直接和间接地证实。基于这样的事实，人们可以说，这个所谓的虚假的世界才是真实的，而那个所谓的真实的世界才是虚假的。另外，虽然人们认为世界的现象是虚幻的，本质是空性的，但是并不能表明这个世界是虚假的。这在于佛教认为，世界亦空亦有，空有不二，是真实存在的。

根据上述分析，我们可以直接得出结论：世界不是虚假的，而是真实的；同时世界不是不存在的，而是存在的。我们的思想现在需要开始进入到这个真实的世界自身。但是进入世界的思想道路并非是直接的和简明的，不如说是曲折的和复杂的。虽然我们已经处于世界自身，但还是惯于离开世界的当下而探索它的起点。我们试图追问：世界从何处开始？同时这也是说：世界从何时开始？人们惯常给世界设定一个无世界的起点。假如世界是存在的话，那么无世界就是无存在。无世界不存在，亦即虚无。

人们假设了一个绝对的虚无作为世界前的无世界。但虚无是什么？因为虚无不存在，所以虚无不是什么。如果说虚无是什么的话，那么它就是一个存在者。这个问题本身不仅是不存在的，而且它的提出和表达是自相矛盾的。既然虚无是一无所有，那么它也是不可思考的。这在于任何思考都是思考它所思考的，亦即存在的事情。同时既然虚无是一无所有，那么它也是不可言说的。这在于任何言说都是言说它所言说的，亦即存在的事情。基于如此的理由，虚无不可能作为无世界而成为世界的开端。

除了虚无之外，人们还虚构了一个世界的绝对的原初状态。在这里人与物都保持其自身的本性，是没有被污染和被伤害的。这个原初的世界是绝对美好的，但随后的世界是不断地衰败和蜕变的。正如人们所说，人类的历史是从黄金时代到白银时代再到铜铁时代的变迁。与此同时，这个历史也是人们不断力图回归原初世界的历史。根据这种情形，世界的历史是自原初世界而来的衰变史和向原初世界而去的回归史的矛盾复调。但这种所谓的原初美好世界只是一种设定，不仅与现实世界完全脱节，而且与历史世界截然不符，它只能阻碍人们理解世界本身。

现在我们从已有的世界出发。它已经存在于此，是一个必须承认和无法否认的事实。

世界是什么？它当然由物构成，有自然性的、社会性的和心灵性的。但它不是一个物，甚至也不是一切物的总和，而是物的生成，亦即物成为物。这也同时是人的生成，亦即人成为人。世界是人与物的聚集活动，是它们的交互生成。因此世界是一个成为世界的过程，是一个世界化的运动。

当世界被规定为人生在世的时候，世界的世界化就是人生在世的活动。但人生在世是人生天地间。因此人首先生活在自然万物之中，与矿物、植物和动物在一起。其次，人也生活在人与人构成的社会里，与他人在一起。最后，人是拥有心灵的存在者，以此认识并改造自然与社会。根据这一简明的事实，人的生活世界可以分为三个方面：自然、社会和心灵，或者分别称为自然世界、社会世界和心灵世界。它们是三个不同层面的世界。其中自然世界是社会世界和心灵世界的物质基础，社会世界和心灵世界是位于自然世界之上的上层建筑。这三个世界虽然有所分别，但又相互交织在一起。

二、自 然 世 界

1. 天地

在三个世界（自然、社会和心灵）中，首先给予的是自然。什么是自然？它在此指的是自然界或者是大自然。但大自然包括了狭义和广义两种。狭义的大自然指与人类相区分的物质世界，亦即一般的无机界和有机界，但排除了人类在内。广义的大自然除了一般的有机界和无机界的物质世界之外，还包括了人类在内。但人类在此主要是其自然属性，而不是其社会属性。这就是说，人只是作为自然的人，而不是作为社会的人。作为这种特性的人只是一个特别的生物，而不是一个与动物相区分的存在者。这种广泛意义的大自然可以理解为天地及其间的万物。

天是什么？天的本义是人的头顶上方的苍穹，是无限的广阔和深远的空间。但天不仅只是天空或者虚空，而且也是天体。它包括了天空中的一切存在者，如日月星辰。那里太阳升起又落下；月亮运行，阴晴圆缺；群星灿烂，熠熠生辉。此外天还是天气。天空充满大气，它有形和无形的变化形成了风云、雨雪、闪电和雷鸣。当然天还指天道。它是天运行的道路和轨迹。它既可能是有形的，也可能是无形的；既可能是可见的，也可能是不可见的。

地是什么？地的本意是土地，是陆地的表层。但它一般指不同于宇宙间其他天体的地球。作为如此意义的大地不仅指辽阔的平原，而且指雄伟的高山、奔腾的江河和无边的海洋。它既包括了地上，也包括了地下。但地下既指地下空间，也指地下存在者。大地的本性是生养，亦即养育植物、动物等一切生命。大地不是静止的，而是变化的。沧海变为桑田，桑田变为沧海。植物生长又枯萎，动物出生又死亡。

天与地虽然有所分别，天是天，地是地，同时天在上，地在下，但它们又同属一体，交互作用。地球自转会交替地朝向和背离太阳。这导致了人在地球上看到太阳早晨时在东边升起，晚上时在西边落下。地球朝向太阳的一面便形成了白昼，背离太阳的一面便形成了黑夜。月亮围绕地球旋转，从新月到圆月再到无月的时间构成了一月。基于太阳照射地球的角度改变，即从赤道移到南北回归线，人们划分了春夏秋冬四季。地球围绕太阳旋转历时三百六十余天便成为一年。天与地的共同活动不仅构成了时间的区分，而且也形成了空间的布局。这在于人所在的一切自然空间都是天地之间的空间。

天与地虽然是共同存在和运动的，但它们并不是平等的，而是有差异的。比较而言，天是主导性的，地是顺应性的。不仅如此，而且地作为地球也是一个星球，是宇宙中无数的天体之一，属于天的一种。因此地与其他天体的命运密切相关，息息相关。在这样的意义上，人们也可以不再考虑天地之间的差异，而可将它们合称为天。

天与地虽然一体，但它们存在"之间"。这个天地之间就是空间。在空间之中绝非虚无，无物存在，而是充满了万物。它不是有限的，而是无限的。人们对其有知道的，也有不知道的。尽管如此，但人们可以对于其间的万物亦即一切存在者进行区分。根据万物的本性和存在形态，人们一般可以将其分成矿物、植物和动物。矿物，如石头、泥块和水是无生命的存在者，能相对地保持着自身的同一性；植物，如草木是有生命的存在者，发芽、生长、开花、结果和凋谢；动物，如飞禽走兽是有感觉的生命存在者，出生、生存、繁衍和死亡。矿物、植物和动物可以简单地分成无生命和有生命的存在者。前者会成住坏灭，后者会生老病死。此外，人也可以看成一个特别的动物。他有动物般的躯体，既是为父母所生，也是为天地所赐。但与一般动物不同，人不仅是一个有感觉的生命的存在者，而且是一个有心灵的生命存在者。由此人成为天地之心和万物之灵。

这样一个天地万物的整体就是大自然。

但自然不能只是狭隘地理解为一种人所活动的环境。现在人们将人所居住的地球划分为五大圈：大气圈、水圈、土圈、岩石圈和生物圈，据此人们区分了五个环境，即大气环境、水环境、土壤环境、地质环境和生物环境。基于人与环境关系的现实，人们强调重视环境，保护环境。虽然这种保护环境与破坏环境活动的性质根本不同，是积极的，而不是消极的，但它依然有其局限。为什么？这在于当人们称呼自然为环境的时候，他不是从自然出发的，而是从人出发的。所谓环境是指一个环绕的境地，亦即围绕人的周边的地方。这设定了人为中心，自然为边缘。由此人们可以支配并改造自然。这样一种环境观念虽然表面看来只是关涉自然，但实际上隐含了一种强大的人类中心主义的主张。正是基于如此的环境意识，人们才会破坏环境。只是当

論大道

环境被破坏和人类也相应地遭到巨大损失的时候，人们才开始惊醒，在保护自己的同时也要保护环境。只有保护好了环境，人才能保护自己。

真正的或者彻底的环境保护意识必须建立在人们对于自然的正确的观念的基础之上。这就是说，人不仅要把自然看成是一个围绕人的周边的地方，亦即环境，而且要把它看成是一个包括了人类在内的存在系统，亦即生态。自然之所以是生态，是一个生的存在系统，是因为天地之大德曰生，也就是说自然的基本本性是生。自然或者天地万物是一个生命的整体，其中每一个存在者都自在且自为地存在着，并有其生成和毁灭的过程。同时每一个存在者不是孤独的和没有相互关联的，而是共同存在的和彼此依赖的。植物生长在土地上，吸收它的营养而茁壮成长。动物栖息在山水与植物间，并依靠食草或者食肉而生存。人也生活在土地上，无法离开其上的动植物而生活。为了保存和延续自己的生命，他成为一个植物的采集者和动物的狩猎者。与此同时，人会种植和养殖，让植物生长，让动物成长。动物在食草和食肉的同时，也会传播植物的种子和促使动物之间的平衡。此外，植物的繁盛保持了水土的平衡，并提供给动物以食物。由此可见，生态系统中的每一种存在者自生自克，也相生相克。这就是说，它们之间既相互生成，也相互争夺。相生是指一种自然物能生成另一种自然物；相克则是指一种自然物能克制另一种自然物。中国古典思想将自然区分为五行，即金木水火土。它们之间存在一个相生相克的关系。金木水火土最初指自然的五种存在物。金指金属，木指植物，水指液体，火指热能，土指土地。但后来它不仅指五种物质实体，而且指五种与这物质实体相应的特性。金是分割，木是直伸，水是流下，火是向上，土是种植。它们之间的相生关系为：木生火，火生土，土生金，金生水，水生木。它们之间的相克关系为：木克土，土克水，水克火，火克金，金克木。自然作为生态是一个相生相克的无限循环系统，其核心正是共生。

2. 本性

我们所说的自然不仅意味着自然界或者大自然，而且意味着自然而然。自然一词中的自的意义是自己、自身，然的意义是样子和状态。自然是事物自身所是的样子，亦即本性。本性也叫本质，一般与现象相对。现象是事物本性的外在显现，具有感性特征，并能为人的五官所感觉。任何事物的本性都有一定相应的现象，反过来，任何事物的现象都相关于一定的本性。但现象可能显现本性，也可能不显现本性。鉴于本性与现象的多重关系，自然既显现又遮蔽。它显示自身，成为天与地，也成为矿物、植物和动物；同时它也自身遮蔽，让现象掩盖本性。此外它也被遮蔽，被外在的事物取代自身。在这样的意义上，虽然天地对于人是敞开的、熟知的，但也是神秘的。为了把握自然自身，人们必须透过现象看本质，把万物的本性作为本性显示出来。

作为事物本来的性质，本性是事物的根本规定。一个事物凭借自身的本性而与其他事物相区分并成为自身。天地间的万物亦即矿物、植物和动物不仅是自然界的、非人类界的，而且也是自然而然的、非人工制造的。它们按照自己的本性而存在。正是因为如此，所以矿物是矿物，植物是植物，动物是动物，人是人。它们是自身所属的存在者，而不是自身之外的其他存在者。

既然本性是事物自身固有的和内在的，那么它也就是天生的。于是它是先天的，不是后天的。根据这样的理解，本性也叫做天性，是天生之性。它是自然的，非人工的。它不是人们外在附加的，也是人们不可能外在附加的。一个植物的内在本性天生地让植物成为植物，而不是非植物，正如一个动物的内在本性天生地让动物成为动物，而不是非动物。

同时本性也是永远存在的、不可改变的。所谓"江山易改，本性难移"就是一种语言的证明。人们既不能把白天变成黑夜，也不能把黑夜变成白天。同理人们既不能让食草动物转变去食肉，也不能让食肉动物改变去食草。一个事物一旦改变了自身的本性，那么它就改变了自身。它不再是它自己，而是成为他物。

万物各有自身的本性，由此是不同的，有差异的，但它们是平等的，甚至是同一的。这在于每一个事物都是按自己的本性去存在的，因此是不可比较的和不可分别的。正如一个植物不可以与一个动物去对比，一个动物也不能够与一个植物去对比。人们既不可以用植物的尺度去衡量动物，也不可以用动物的尺度去衡量植物。既然万物本性之间不可比较和衡量，那么它们就无所谓高下、长短、大小。问题的关键只是在于每一个事物是否按其自身的本性去存在。如果事物是按其自身本性去存在的话，那么这就是最好的、最圆满的。

既然万物的本性不可分别，那么它们也是无善无恶的。如果人们认为万物有善有恶的话，那么这只是一种人类学或者是拟人论的误解。就人与万物的关系而言，物对人有其利害。利者为善，害者为恶。但就万物自身的本性而言，它就是如此，无所谓利害，无所谓善恶。它超越在善恶之外。正如太阳没有善恶的分别，不仅它自身的本性没有善恶，而且它也没有区分万物的善恶。它既照射在好人身上，也照射在坏人身上。

　　大自然的本性表现为自身所是的法则或者规律。万物都有自身本性，因此都有自身的法则。这些法则有许多种类。现代自然科学如数学、物理、化学、生物等都揭示了自然领域中的不同规律。尽管如此，但自然中最基本的法则是因果律。可以说，所有的自然科学都意在揭示存在者自身的因果转化和存在者之间的因果关系。因果律是一种简单且自明的法则。它无非是说，任何原因都会导致相应的结果，反之任何一种结果都有与之相应的原因。自然的运行正是无限的因果链条的延续和交叉纠缠。这样就会形成一因多果或者多因一果。一因多果是指同一原因会引发多种结果；多因一果是指不同的原因也会产生同一结果。此外自然还存在互为因果。一个事物是另一事物的原因，另一事物是这一事物的结果；同时另一事物也是这一事物的原因，这一事物也是另一事物的结果。天地的万事万物都是这一因果链条中不可或缺的一环，既是作为因，也是作为果。但因果律不仅要理解为互因互果，而且要理解为自因自果。这就是说，一个事物的存在最终是自己成为自己的原因，同时自己成为自己的结果。

3. 自身

　　作为自身存在的大自然不是一个主宰者，不可神化为一个神一样的存在者。但在历史上，人们出于对自然的无知和畏惧而相信一种自然神的存在，如天神、地神。此外人们还相信万物有灵，一切事物皆有相应的主宰神的存在。为何如此？这在于天的伟大和人的渺小。但天的有神化其实是天的人格化：人们一方面赋予自然以人的特性，另一方面夸大其超人的力量。如天能知道，具有认识的能力。天不仅知

論大道

道万物，而且知道善恶。天有意志，按照义理在运行。天之道就是行善去恶，能奖励那些行善者，惩罚那些作恶者。天有情感，感通人情。它有爱有恨，爱那些善人，恨那些恶人。在此基础上，天具有大能，也就是具有造化的力量。所谓的造是能从无物造出有物，所谓的化是能从此物化成彼物。天能够在其造化过程中实现自己的认识、意志和情感。天地诸神其实存在一个庞大的家族，具有一个繁杂的谱系。其中天神是最高的，地神次之，然后有不同层面的万物之神。除了天神和地神对人的存在有根本性的作用之外，万物之神也会对人有或直接或间接、或大或小的影响。随着古代社会到现代社会的演化，自然经历了一个祛魅的过程。这就是说，天地自然失去了其神话特性。人们逐渐意识到，天的人格化只是一种拟人化，一旦去掉这种设定之后，它就还原到其自身：天是天，地是地，山是山，水是水。无论大自然的任何造化，它们都不过是按照因果的运行而已。

大自然既不是一个主宰者，也不是一个被主宰者。它不是被创造的，从而也不是被支配的。在一些宗教中，上帝是自然的创造者，自然是上帝的创造物。上帝开始创造了天地，分开了光明与黑暗。在大地上让植物生长，动物繁衍，并让人类产生。上帝不仅能够创造自然，而且能够毁灭自然，让产生的万物归于灭亡。在一些神话中，神人也充当了准上帝的角色。他们虽然是人，但具有神的大能。他们开天辟地，创造万物与人。当然他们也能消灭万物与人。在这些宗教和神话中，天地自然只是上帝和神人的一种产品，并被它们所支配，而不具备独立自足的存在特性，只是其附庸。但社会历史的变革导致了上帝的死亡和神人的隐退，使自然回复了自己的本来面目：自然只是其自身，此外无他。

自然既不是创造者，去创造他物，也不是被创造者，为他物所创造，而只是自身存在于此。它自身给予自身，自身呈现自身。这里既没有给予者，它给予自然；也没有被给予者，它被自然所给予。如果一定要设定给予者和被给予者的分别和关系的话，那么自然的给予者和被给予者是同一的：自然自身。自然的因果也均在自身。它是自身的原因，同时也是自身的结果。在描述自然的天气现象时，我们说出太阳了、起风了和下雨了。这些句子虽然看起来没有任何主语，但实际上它们可以完整地表述为"它出太阳了""它起风了"和"它下雨了"。这里的"它"是无人称代词并充当主语，由此否定了任何一种人格性的存在者作为主语。其实这里的"它"可以被"天"替代。人们也常说："天出太阳了""天起风了"和"天下雨了"。这意味着并不是其他一个非自然的存在者，而正是天地自己产生了天气的变化。这又可以更切中地表达为："太阳出太阳了""风起风了"和"雨下雨了"。这种同一性的表达并非是毫无意义的同义反复，而是强化了存在者自身，显示自身在此的意义。这里意在通过天气现象说明自然如何自身给予自身。

正是因为如此，所以自然没有另外一个非自然的根据，也不可能去追溯到另外一个非自然的根据。一般认为，根据是事物存在的原因。万物皆有根据，无物没有根据。物有根据则存在，无根据则不存在。但人们往往将根据理解为一个事物自身之外的另一个事物，它比事物自身更为本源，并能决定事物自身是否存在和如何存在。但如此理解的根据和原因是有疑问的。事实上，根据或者原因也分两种：外在的和内在的。外在的只是条件，内在的才是根本。这就是说，虽然天地间的万事万物都在因果链条中有其原因，但都以自身为存在的根据。虽然作为个别的自然有其外在原因和根据，但作为整体的自然并没有第一原因或第一个根据，因此也不能追寻第一原因或第一根据。

尽管如此，但人们常常为自然设定了第一原因或第一根据。如前所述，它或者是上帝，或者是神人。此外人们也设定某一特别的物，如气、水、火等。气是本体，凝聚为万物；水是始基，产生了万物；火是根本，它的燃烧和熄灭形成万物的不同形态。但什么是气、水和火的原因？如果要追问这些第一根据的根据的话，那么人们就只能在一个根据之后设定另一个根据。如此这般，思想就会不断后退，陷入一种恶的无限。

人们既不能给自然设立一个非自然的原因，也不能给它设立一个非自然的目的。目的亦即目标，其本意是人的眼睛所能看到的地方，而转化成了事物存在的最后归宿，因而也是事物的终极意义。关于自然存在的目的虽然有多种说法，但一般分为外在目的论和内在目的论。

外在目的论认为，自然某一事物的存在不以自身为目的，而是以另外一事物的存在为目的。如矿物的存在以植物的存在为目的，植物的存在以动物的存在为目的，动物的存在以人的存在为目的，人的存在以神的存在为目的，神的存在以自身为目的，是一切存在者最高和最后的目的。在这样一个自然目的论的图式中，人们将存在者整体划分为高低不同的等级序列，从矿物、植物、动物、人到上帝。其中前一等级的存在者是后一等级的存在者的手段，而后一等级的存在者是前一等级存在者的目的。因此处于中间的存在者既是目的，也是手段，具有双重身份。在自然外在目的论中，最典型的是人类目的论和上帝目的论。人类目的论的根本是人类中心主义，认为万物以人为中心且服务于人；上帝目的论的根本是上帝中心主义，认为万物来源于上帝且归于上帝。随着世界历史的现代化，也许人们不再相信上帝目的论，但依然赞同人类目的论，认为人是万物的目的，亦即人是自然万物，包括矿物、植物和动物的目的。事实上，认为自然有一个目的，特别是认为它最终朝向人的目的，这只是一种自然的拟人论，亦即把自然人格化了。即使人们认为人是自然的目的，但也要考虑到这样一个事实，即人作为自然性的存在，也是大自然的一部分。因此自然朝向人的目的，实际上也只是自然朝向自身的目的。

与外在目的论不同，内在目的论认为自然以自身为目的。天地万物作为自身且为自身而存在。矿物的存在是以矿物自身为目的，植物的存在是以植物自身为目的，动物的存在是以动物自身为目的，人类的存在是以人类自身为目的。自然自在自为，其活动既不因为什么，也不为了什么。正如花开花落，自在自为。玫瑰花既不为谁而开放，也不为谁而凋谢。它的生命不为其他存在者，既不是为了矿物、植物和动物，也不是为了欣赏它和利用它的人。玫瑰花为自身开放，为自身凋谢。天地万物以自身的存在为目的，但这个目的并非设定在某一特定的时间、地点和特定的存在形态，例如死亡的来临，而是发生在每时每刻、每地每处和存在的每一样式。自然以自身的存在为目的，这无非是说，自然是没有目的的或者是具有无目的的目的。

三、社 会 世 界

1. 人的开端

人与自然虽然建立了不可分割的关系，但它并非是单一的，而是双重的。人既在自然之内，又在自然之外。人在自然之内，这意味着，人有自然属性，从属于自然的整体，服从自然的法则；人在自然之外，这意味着，人有超自然属性，超出了自然的整体，不服从自然的法则。以此人与自然相分离，从而开辟独属他自身的道路。

自然是已经给予的，原来就是如此存在，因此它没有一个开端。与自然不同，人类不是天然已经存在的，而是自己创造的，因此它有一个开端。所谓开端亦即太初，是事物开始形成自身。它是最初的起点，也就是最早确立的边界。何谓边界？它是一条线，划分了两个不同的地方。边界在现实中到处可见，如一个国家与另一国家的边界，一个地区与另一个地区的边界。当然我们所说的边界不是指地理的边界，而是指一般事物的边界。在这个特别的地方，一个事物区分于另一个事物而成为自身。因此边界是一个事物的开端线或者终结线。一个事物在此开端了，与另一个事物相分离，而不同于另一个事物；同时一个事物在此终结了，与另一个事物相连接，而过渡到另一个事物。人的开端作为边界实际上是人与动物的分水岭。在此人类告别了动物，而成为人类自身。

什么是这个开端或者太初？对此的答案虽然多种多样，但主要有太初有道和太初有为。所谓太初有道是指，开端是上帝之道，也就是上帝的话语。它是光，创造了世界和人。人要依上帝之道而在世界上行走。所谓太初有为是指，开端是人的作为或者活动。人凭借自己的存在活动，主要是生活与生产，创造了自己的历史。人既是自己的创造者，又是自己的创造物，他的活动正是创造他自己的过程。人自己的创造形成了自身的开端。

为了获得人自身的规定，人们必须探讨人与动物的区分。这在于任何一种规定同时都是一种否定。这就是说，一个事物是什么，同时也意味着一个事物不是什么。当我们说人是人的时候，就是说人不是非人，具体地说不是动物。为什么是人与动物的区分，而不是人与其他存在者的区分？这是因为在存在者整体中，人远离矿物、植物等，而邻近动物。人们甚至认为，人不仅与动物同属一类，而且人是从作为灵长类动物的猿猴进化而来的。因此在人与动物之间就需要确定一条边界。只是在与动物的区分之中，人才能获得自身的规定。不可否认，人当然也是一个动物，是一个能动的物，也就是一个能活动的存在者。但人不是一个一般的动物，如其他动物一样，而是一个特别的动物。人与动物的差异是显然的。人们从多方面探讨了人与动物的不同。如生理方面，动物有浓密的毛发，可以保护自己的身体；但人有光滑的皮肤，需要衣服来遮盖自身并免受外物的伤害。动物不能直立行走，只能四肢爬行；但人不仅能直立行走，而且有灵巧的双手。在心理方面，动物只有感觉，对于外界进行被动反应；人则能够思考，能有意识地指引自己的生活。在行为方面，动物只能生食，不管它是食草，还是食肉；人则能熟食，不再茹毛饮血。动物只能在特定的季节发情和交配，并繁衍后代；人则在身心条件许可的前提下，能有不受特定时间限制的性行为。动物依靠本能而活动，遵守其遗传的特性；人则能通过学习而创造性地从事生产活动。如此等等。

虽然人与动物在所有方面具有差异性，但人们试图找出它们之间区分的关键点。这个特别之处在于，人是一个灵性之物，亦即有意识的生命的存在者。所谓意识并非其他，而是意识到的存在。凭借意识，人不仅能知道自己，而且能知道世界万物。正是因为如此，所以不仅人自身，而且世界万物都能在意识中显示出来。因此人的灵魂不仅只是自身的灵魂，而且也是天地万物的灵魂。但人不能等同于灵魂。他不仅只是一个有灵魂的存在者，而且也是一个能活动的存在者。这就是说，他不只是幽灵般地生活在意识王国，而且也是真实地生活在现实领域，在世界中展开自己的全部活动。在这个意义上，人就是一个独特的存在者，而不再只是一个一般的或者是特别的动物。

在人是有意识的生命存在的基础上，人们对于人与动物的区分点进行了更细致和深入的探讨。动物无理性，而人则有理性。因此人是理性的动物。理性不是一般的意识，而是思想自身建立根据的能力，能够为自己的存在提供理由和原则。动物无语言，而人则有语言。因此人是语言的动物。语言作为一种清晰的有音节的并有意义的发音，能够表达人的思想和世界的现实。动物不能使用符号，而人能使用符号。因此人是使用符号的动物。符号是人们通过约定指称一定事物的标志物。动物不能制造和使用工具，人则能制造和使用工具。因此人是使用工具的动物。工具是人在生产过程中用来加工制造产品的器具。概而言之，理性、语言、符号和工具等成为人与动物最明显的边界。

但所有这些人与动物个别性的区分必须建基于它们之间存在本性的不同。动物仍然囿于自然的因果领域，而人则开启了自由的道路。人不仅遵循因果，而且知道因果，并且能改变因果，亦即通过创造一定的原因而导致相应的结果。因此人是自由的存在者。在这样的意义上，人就不是一个一般意义上的动物，甚至也不能理解为一个比其他一般动物更为高级的动物。把人理解为一个高级的动物，这虽然看起来是抬高了人，但实际上是贬低了人。这在于人们仍把人作为一个高级的动物与其他低级动物进行比较，把他置于一个动物的维度里。因此问题不在于是否把人看成一个高级动物，而在于要将他把握为一个与动物根本不同的存在者：他能够自由地创造自己的生活。人由此是一个自由的存在者、思想者和言说者。

　　既然人在存在、思想和语言等方面已经不再是动物，那么最重要的事情是，人不仅要与动物相区分，而且要与自身相区分。人与动物的区分只有次要的意义，而人与自己的区分才是首要的任务。

　　人存在于此，如同其他的存在者一样存在于此。但人的存在是有意识的存在。他能理解自身的存在，并由此展开自己的存在。在人意识和理解到自身的时候，他打破了人自身原初的同一性，开始与自身相区分并回复到自身。一个是能意识和能理解的人，另一个是被意识和被理解的人。在此基础上，人意识到自身存在的边界，并且能越过这一边界，从而在对人的存在的有限性的否定中实现其存在的无限性。通过与自身相区分，人获得了自己本性的规定，他不再是一个自在的人，而是成为一个自由的人。一个自在的人还不能自己规定自己，而是相反会被他人所规定。与此不同，一个自由的人则不仅能自己规定自己，而且能规定他所处的世界。人与自身相区分还意味着，他超出了一个现实的人，而成为一个可能的人。这个可能的人不是人已经所是的，而是人将要所是的。但可能的人并非是一种空洞的幻想，而是源于人的本性自身并且就是这一本性的完全实现。人作为一个可能的存在者使他成为一个自由的存在者。

　　人与动物的区分，让人告别动物而成为人自身；人与自身的区分，让人由一个自在的人成为一个自由的人，由一个现实的人成为一个可能的人。这种区分是一种永恒的分离，由此导致了人的历史的更新与进步。可以说，动物无历史，而只有人才有历史。历史并非是时间一维的线性的延续史和编年史，而是人的存在的发生。因此人始终是一个历史的人并有其历史，亦即不断与旧人相区分而转变成新人的历史。

　　虽然人不仅与动物相区分，而且与自身相区分，从而走出了自然，建立了属于自身的世界和历史，但他并不能抛弃和远离自然。相反人与自然是无法切割的。然而人不再是在自然之内相遇其他存在者，而是在人的世界之中重建与自然的关联。人的存在最基本的任务包括了两个方面，一方面是改造自然，另一方面是建立社会。这两者的关系也可以表述为天人关系或者天人之际。

2. 人与自然

在人的世界里，自然对人到底意味着什么？自然在它自身所属的领域里的意义是单一的，它就是它自身，但它在人类的世界里的意义是多样的。这在于它不再只是它自身，而也是它与人发生的复杂的关系的聚集。

首先，自然提供了人类生存的地方。天地万物已经存在，这是一个既定的事实。人也已经存在于天地之间，这也是一个既定的事实。它是人不可拒绝的，是必须承认和接受的。人的存在只能建基在自然已经给予的条件，不能离开它而设想另外一个可以置换的前提。这就是说，人生活于天地之间是他存在的唯一的可能性。天地之间提供了人类生存的空间，让人在其间劳作与休息。它同时也提供了人类生存的时间，在大地上生，也在大地上死。正如人们所说的，人来源于尘土，也回归于尘土。

其次，自然给予了人类活动的尺度。天旋地转，万物生长。它们都存在于既有的固定的规则和秩序。人类生存在天地之间，也比附自然的规则而制定自身存在的法则，依此展开自己的生活。人们日出而作，日落而息，随着白天和黑夜的变化安排自己的活动。不仅如此，而且人类根据季节的轮替而去生产，春种，夏长，秋收，冬藏。

再次，自然馈赠了人类的物质资源。人的身体是由血肉构成的，只有依靠天地万物才能活着。一旦离开了这些必要的自然条件，人的存在便不复可能。如大地、阳光、空气、水、食物等就是人类存在的物质基础。大地给予了人一个现实空间，可居住，可行走；阳光照耀了人类，不仅带来光明，而且带来温暖；空气让人吐故纳新，吸入新鲜的空气，吐出陈旧的空气，而气血通畅；水不仅可以满足人的饥渴，而且可以洗涤人身上的污浊；更重要的是食物让人们维系自己的生命并且能够成长。正是在将天地万物作为物质资源的基础上，人类开展了农业和工业生产。没有可用的植物，就不可能有农业；没有可用的动物，就不可能有畜牧业；没有万物提供的原料，就不可能有各种类别的工业。

最后，自然还奉献了人类的精神资源。自然本身没有意识，但被人类所意识。人的意识一个重要的领域是关于自然的意识。自然具有多重意义。第一，它被认识化。人类除了探索自身的奥妙外，就是追问自身所赖以存在的天地的规律，让自然的本性由遮蔽走向敞开。第二，它被道德化。它虽然无善无恶，不是道德性和伦理性的，但当它与人的存在相关的时候，便具有了善恶之分，赋予了道德和伦理的意义。第三，它被审美化。它本身就是一个完美的存在，是美的显现。因此文学艺术作品中有大量的山水诗、山水画、田园牧歌等。它们都是人类以不同的媒介和不同的方式赞美天地万物的美。第四，它具有宗教的意义。天地本身不是上帝和诸神，但它是人的存在的本根，因此会导致人们形成自然宗教，如泛神论或万物有灵论。自然成为一位非人格化的神灵。天有天神，地有地神，山有山神，水有水神，万物皆有其守护神。

論大道

虽然自然对于人类具有如此重要的意义，但是他们之间的关系并不是一元的，而是多元的；不是静止不动的，而是变动不居的。它至少可以出现两种完全相反的情形：天人相分和天人合一。

天人相分说认为，自然和人虽然同属一个世界，但它们在本性上根本不同。自然遵循因果法则，而人则遵守自由法则，因此它们各自走着不同的道路。自然根据因果法则在运行，不会因为人的意志而改变自身的轨迹。同样人类根据自由法则在发展，不会制约于自然的变化。一旦天如何，人并不会相应地一定如何；或者反过来，一旦人如何，天并不会相应地一定将如何。基于天人相分，人们不可以将天人混淆而让其同一。

如果设定天人相分的话，那么人们还必须考虑它们之间的具体情形。因为天与人不是平等的，而是有差异的，所以在排除它们之间的和平之后，而剩下的只有战争。这种天人之争具有三种可能性：天胜人、人胜天和天人交相胜。

第一种：天胜人。这就是说，在天人之争中自然战胜人类。天是强者，是主人；人是弱者，是奴隶。天是规则的制定者，人是规定的服从者，天规定了人的存在。大自然的规律和威力是无声的命令，人无法反抗和克服它，必须听从它来开展自己的生活。在天人之争中，自然常以它无限的力量来威胁人类，特别是各种灾害给人类带来痛苦和死亡。恶劣的天气会引发暴雨或者酷热；泛滥的洪水会使大地变成海洋；旱灾则会让生命焦渴和枯萎；地震会破坏山体和建筑；病虫害会吞噬植物；瘟疫会导致动物乃至人群灭绝。如此等等，不一而足。基于天胜人的命运，人要敬畏和恐惧自然。

第二种：人胜天。这就是说，在天人之争中人类战胜自然。人是强者，是主人；天是弱者，是奴隶。人是规定的制定者，天是规定的服从者，人支配了天的存在。人能够超越自然的规律和威力，按照自己的意志并通过行动征服和改造自然。在天人之争中，人们坚信人定胜天，甚至认为与天斗，其乐无穷；与地斗，其乐无穷。对于直接有用的自然，人可以利用它；对于无直接有用的自然，人可以改造它。人们改天换地，让高山低头，让流水改道，抗击洪水、干旱和其他一切自然灾害。

第三种：天人交相胜。这就是说，在天人之争中自然和人类交互战胜对方，或者被对方所战胜。天与人各有其强弱之处，天主宰天的领域，人主宰人的领域。因此在天的领域，天胜人；在人领域，人胜天。

与上述天人相分的主张不同，中国传统思想所追求的是天人合一的理想。它似乎是对于上述几种情形的片面性的克服。

天人合一说主张人与自然是同一的。但什么是这个同一？同时如何实现这个同一？对此问题人们却有不同的答案。因此天人合一说实际上具有极其复杂的意义。

一种是天人相似。这就是说，天人虽然不同，但是相似。天是天地万物，是无意识的存在者，人则是有意识的生命的存在者。尽管如此，但天地可以类似人，人也可以类似天。就人类似天而言，天是大宇宙，人是小宇宙，人具有与天相似的结构和功能；就天类似人而言，天是大身体，人是小身体，天具有与人相似的结构和功能。天人的同一性在于它们都是气的显现，并都遵守气、阴阳和五行（金木水火土）的存在与变化的基本原则。当然天人相似可以具体分几个方面。第一，天人同类。它们虽然具有不同的形态，但是同属一个类型。第二，天人同构。它们虽然具有不同的质料，但是具备相同的结构。第三，天人同数。它们虽然具有不同的性质，但具有同一种数理、节律和周期。

論大道

另一种是天人相通。天道与人道看起来根本不同，但实际上是同一个道的不同显现。不仅如此，而且天道是人道的基础，人道是天道的实现。正因为道贯通了天人之间，所以就会产生天人感应。一方面天地的运行会引发人类的反应。日月星辰的变化能带来人的吉凶，导致人的幸运或者厄运。另一方面，人类的活动也会感天动地，引起天地的反应。天地会奖励人类的善行，惩罚人的恶行。

天人合一说虽然强调人与自然合为一体，但实际上具有两种模态。一种是天人本来合一，另一种是天人应该合一。本来合一说的是实然性，意指天人原本一体。天离不开人，人离不开天。没有无天的人，也没有无人的天。天人本身就处在无法分离的同一性的存在之中。因此天人无需分离之后再求合一。与天人本一不同，天人应该合一说的是应然性。它指天人本不合一，天是天，人是人，是相互区分并远离的。不仅如此，而且人与天地还存在矛盾、冲突和斗争，而导致天伤害人和人伤害天。为了克服人与自然的关系的危机，人应该追求和实现天人合一。

天人合一说形成了独特的自然存在观。人要依照天地万物提供的既有的尺度去存在。天人合一说不仅为人类的存在提供了依据，而且为人的思想和语言提供了依据，从而产生了自然性的思想和语言。一种自然性思想就是根据自然去思维。如自然有天尊地卑，人类有男尊女卑。人们将男比喻成天，女比喻成地。男女之间的等级如同天地之间的等级一般。此外一种自然性的语言是根据自然去言说。人用天地万物去比喻言说的事物，故这种语言多采用自然形象，是朦胧的和多义的。

天人合一被认为是中国古代的核心智慧和崇高理想，以区别于西方的神人合一。在这种理论中，天是最高的，高于一切存在者；同时天也是最普遍的，无处不在，无所不在。天由此成为最高的存在者和最普遍的存在者的结合。但是天自身的语义发生了变化。天不再只是一个自然性的天，而也是宗教性的天。它变成了一个无名的和隐蔽的神，由此成为人们追求的最高的目标。天人合一说不仅在中国古代社会得到赞美和颂扬，而且也被一些现代思想所追捧。在上帝死了和技术垄断的时代里，天人合一说似乎成为一种拯救之途。这在于天不仅可以取代过去上帝神圣的位置，而且也可以克服技术带来的人与自然疏远的恶果。尽管这样，但天人合一说本身是值得怀疑的。

首先，天人不是相似的，而是相异的。虽然天地人同属一体，但这并不意味着天地人是绝对同一的。相反天地有独属自身的存在，人也有独属自身的存在。它们是具有根本差异性的存在者，各自具有独特的本性。因此既不能以人代天，也不能以天代人。如果人们完全以天代人的话，那么他就只会蔽于天而不知人。

其次，天人不是平等的，而是有高下的。就天地人整体而言，人之外的天地万物是矿物、植物和动物，都不是有意识的生命的存在者，而只有人才是有意识的生命的存在者。这就使人不仅不同于天地万物，而且超出了它们。就人自身而言，人的身体性及其生理机能与天地相应并受其影响，但人的社会性和心灵性却并非完全如此。自然遵循的是因果法则，社会和心灵遵守的则是自由法则。因此既不可能将低级的存在者拔高到高级的存在者，也不能将高级的存在者降低到低级的存在者。如果这样的话，那么人们实际上是把人还原为动物，等同于天地万物。

鉴于上述分析，把天人合一理解为天人相似和天人相通只是一种似是而非的说法。因此人们必须抛弃这种主张，承认天人之间不是一种无差别的合一，而是一种有差别的统一。统一不是相同的事物的完全一致，而是不同的事物的亲密聚集。由此看来，天人合一实际上是让人放弃自身与天的差异，而保持与天的相同。于是就不可能是以天合人，而只可能是以人合天。这种天人合一观就会导致人听命于天，受制于天，不能真正建立属于自身的生活。当人类整体受制于自然的时候，个人也不能从人类整体中分离出来而获得独立，随之也无法生长出自由的个体。这也会让心灵走入自然的迷途，要么是陷入对于自然的无知、畏惧和崇拜，要么是陶醉于天地山水的乐趣，从而忘却了心灵自身。

也许既不是天人相分，也不是天人合一，而是天人共生才是人与自然最真实的关系，才能使天地人的世界成为最大可能的美好世界。天人共生论强调的是：一方面天地是生成的，日月旋转，万物并生；另一方面人也是生成的，出生、繁衍、死亡。天地人虽然各不相同，彼此差异，但它们同属一体，共同存在于一个世界之中。同时天地人也交互生成。这就是说，既不是天胜人，也不是人胜天，甚至也不是天人合一，而是天地让人生成，人也让天地生成，如同朋友，彼此转化。何谓天地的生成也让人生成？太阳、月亮、植物和动物都构成了人的生活的一部分，直接或间接地养育了人的生命。何谓人的生成也让天地生成？人种植、养殖和建造。人让植物繁育，让动物生殖，让自然世界生机勃勃。天人既是生成者，也是被生成者。如此这般，天地人的世界成为一个交互生成和无限生成的世界。

3.社会的建立

作为人，他在改造自然的同时，还要建立自己的社会。人不能只是生活在自然世界之中，与鸟兽同群，而必须生活在社会世界之中，与他人为伍。事实上，人只有首先生活在社会世界里，然后才能生活在自然世界中。社会是人的聚集，是人与人建立的生存共同体。人的日常生活世界主要就是这个共同体所构成的世界。在这里，人不仅与人打交道，而且也与物打交道。

社会的形态首先是家庭。虽然社会是广大和复杂的，但家庭是其最基本的联合体。它是人生在世最原初的地方，是人走向社会的出发点，也是人离开社会的回归地。但家庭是如何产生的？天下芸芸众生，无以计数，但从性别区分上只有两种，即男人和女人。他们在成年时结婚，建立了夫妻关系。虽然男女婚姻有多种形态，如群婚制、对偶制、一夫多妻制、一妻多夫制等，但一夫一妻制是到目前为止的人类历史中最基本的形态。它虽然不是关于男女关系的最好的制度，但至少不是最坏的制度。为什么？这在于婚姻并不完全等同于爱情。人们知道，爱情是人们所憧憬的最美好的男女关系。但婚姻却未必是，它可能是有爱情的，也可能是无爱情的。有爱的婚姻是幸福的，无爱的婚姻是痛苦的。即使存在无爱的婚姻，但人们也不能否定婚姻本身。如果没有婚姻制度的话，那么男女关系就会陷入无穷的混乱。人们既不可能建立家庭，也不可能在此基础上建立国家。夫妻的结合虽然为一个家庭提供了基础，但还不能构成一个家庭。男女只有在婚姻的基础上生育子女才能形成真正意义的家庭。家庭的根本意义在于繁衍，亦即血缘关系的延续和扩大。一个完整的家庭包括了夫妻、父子、兄弟姐妹等。

虽然一个家庭可能拥有很多成员，但他们都是凝聚在一起的。贯穿在家庭不同成员中的一条红线就是身体。身体是有机的生命体，是血肉之躯。夫妻虽然各自拥有不同的身体，但是他们作为配偶正是意味着他们身体的同属一体。父母生育子女虽然是从上一代转换到下一代，但这种代代相传是身体血脉的传承与被传承。兄弟姐妹虽然各自不同，但他们都来源于同一父母，并分享了父母的血脉，由此产生了家族相似的现象。这种身体及其血肉的密切关联正是所谓的亲。亲人是有身体血缘关系的人；亲情是有血缘关系的人之间的感情；亲自是人的身体直接去活动；亲密行为是人的身体之间的互动。正是因为家庭成员具有身体的血肉关系，所以他们是亲人并拥有血浓于水的亲情。家庭的身体性的根本属性也决定了它自身一种直接的自然性。这在于身体及其血肉是一种自然的生理和生物的遗传，并按照生理学和生物学的规律去生长。因此每个家庭都有自己天生的身体特性，如面相、身材，乃至某些特别的机能和疾病。既然身体性作为一种自然性，那么它就与天地万物相连，并依赖于它们。身体虽然是由父母生育的，但也是在天地间生长的。家庭的身体性和自然性是其本性的基本规定。

家庭不仅具有鲜明的身体性和自然性的特点，而且也具有社会性的属性。家庭存在一种固有的结构和等级关系，如父母、父子和兄弟姐妹等。父母是夫妻，建立了特殊的男女关系；父子或者父母与子女是上辈与下辈的关系；兄弟姐妹虽然是平辈，但是具有长幼的差异。它们不是平等的，而是有等级的。在家庭之中，上级对于下级形成了一种天然的权力关系。前者对于后者能命令、支配和控制，后者对于前者只能被命令、支配和控制。中国传统社会中的家庭普遍存在三种权力：父权、男权和夫权等。父权是父亲对于子女的权力，男权是男人对于女人的权力，夫权是丈夫对于妻子的权力。只是到了现代社会，人们才开始追求平等的权利，因此有父子平等、男女平等和夫妻平等。

　　家庭既具有血亲关系，也具有姻亲关系。姻亲是非血亲的男女因婚姻关系产生的亲属，包括了血亲的配偶、配偶的血亲以及配偶血亲的配偶。姻亲的建立使家庭成员分离，组成新的家庭。它构成了血亲关系的扩大化，使单一家庭变成为扩大家庭。它不仅让家庭变成了家族，而且也使不同的家庭相连，形成了亲戚。

　　家庭是一个天然的生命共同体。首先，它是一个生活共同体。人们居住在一个家庭里，也是居住在一个房子里，共一个屋檐下。房子是一个独特的空间。作为建筑物，其基础立于大地之上，其屋顶位于长天之下。屋内的空间既供奉着死去的祖宗的神灵，也生活着活着的家庭成员。他们在这个空间里一起吃喝住行。其次，它也是一个生产共同体。特别是在自然经济的时代里，男耕女织是一种普遍的劳动模式。甚至在现代经济活动中，不同规模的家族经济也扮演着极其重要的角色。最后，家庭也是情感共同体。他们同呼吸，共命运；为新生的儿童而高兴，为死去的老人而悲伤；共同去爱友人，也共同去恨仇人。人们都主张家庭的爱，亦即亲情。亲情主要是建立在血缘基础上的一种感情。中国的儒家还强调了一种特别的亲情，即孝悌。虽然家庭成员中每个人都要讲亲情，如父母爱子女、兄姊爱弟妹，同时还有子女爱父母、弟妹爱兄姊，但孝悌即子女对于父母的爱、弟妹对于兄姊的爱却具有绝对的优先性。这是由家庭的父权结构所决定的。但是孝悌作为爱不是平等的，而是有级差的。它是一个处于位置低级者对于高级者的爱。在这样一种爱的结构中，高级者规定和命令低级者，低级者服从和奉献高级者。在这样的意义上，孝悌有其天然的限度。

　　但人不仅生活在家庭之中，而且也生存在家庭之外，与那些既非血亲也非姻亲关系的人建立了交往。这形成了多样而复杂的社会关系，而具有共同社会关系的人群的集合就是社群。在其中，共同的社

論大道

会关系构成了其根本的规定，并形成了一定的区域和边界线。有什么
样的社会关系，就有什么样的社群。因此社群是多种多样的。它有
地区性的，如社区；有社会行业性的，如各种工作单位；也有精神性
的，如众多的宗教团体等。一个人既可以生活在一个主要的群体里，
也可以生活在多个群体中。群体之间产生了各种错综复杂的关系。

作为一个共同体，社群对人而言是远比家庭更重要的地方。这在
于它是人在世界中存在最基本的和最主要的场所。正是在社群中，人
不仅与他人打交道，而且也与它物打交道。虽然每个人是有差异的，
但是他们在社群中找到交集点，亦即共同点。正是这个共同点维系了
不同人的往来。根据此共同点，人们商议并形成契约，制订一些成文
或者不成文的规则。人们根据此规则共同存在、思考和言说。

在一个或者多个群体中，人们之间必然产生一定的利益关系，并
会引发利害冲突。根据利害的不同性质，他们可以被区分为友人、仇
人和一般的人。友人是那些具有共同利益的人，友爱导致团结。仇人
是那些有害利益的人，仇恨产生抗争。一般的人是一些无关利害的
人。在封闭社会里，社群只是一些熟悉的人；但是在开放社会里，除
了熟人之外，社群还容纳了无数的陌生人。在交往中，陌生人变成了
熟悉人，熟悉人也变成了陌生人。因此社群也是不断自我更新的。

在家庭和社群之上，人们建立了国家。国家是一定范围内的人群
所形成的共同体，包括了领土、领土上的居民和管理领土以及居民的
政府。因此国家是领土、国民和政府三个要素的集合。

领土是人民所居住的地方。除了作为陆地的领土之外，它实际上
还包括领海和领空。一个国家的领土具有自己的边界，由此区分于他
国并确定自身的范围。边界主要是天然形成的。如高大的山脉和宽阔
的河流等划分了山两边和水两岸的不同地区。但它也有根据条约划分

的，人们通过谈判约定国家之间的界限。国家的领土是神圣不可侵犯的，因此边界是不可逾越的。一旦非法逾越它，国家之间就会出现冲突和战争，直至人们回到自身边界之内为止。领土不仅是地理性的，而且也是历史性的，包含了一个国家或民族的过去、现在和未来。祖国是祖先所居住并传承给后代的国家，它的意义既是地理性的，也是文化性的。

人民是指居住在领土上的人。他们是在这片土地上具有共同生活历史的民众，既可以包括单一民族，也可以包括多元民族。人民实际上是国家的创造者和监督者。但在君权时代，居民只是臣民，相对于君主而言；在革命的时代，居民才成为了人民，相对于敌人而言；但只有在民主的时代，人民才变成了公民。所谓公民就是自由人，是自己的主人，享有自己的权利和义务。所谓权利是人能够做什么和不能够做什么；所谓义务是人必须做什么和必须不做什么。作为公民，人民有权参与国家的公共政治事务。

国家的主要职能是立法、司法和管理。立法是建立国家的法律体系。其中宪法是国家的根本大法和其他法律的基础。司法是法的适用。国家司法机关依照法定职权和法定程序并运用法律处理案件。管理是使用国家权力对于社会事务的治理。政府是拥有治理一个社会的权力的国家机构。它具有管理人的权力，也就是管理家庭和社群的权力。最高管理者的权力在历史上一般是通过暴力或者继承而获得的，但在现代则是通过民主选举而成，是选民所委任。通过管理，国家的公共事务得到有效治理。当代社会不仅包括了国家，而且包括了国际。国际是国家与国家之间的关系以及它们所构成的整体。全球化的浪潮让国际社会变得更加紧密，使人们都成为地球村的一员。全球化不仅是经济的，而且是政治的和文化的。

4.个体的独立

家庭、社群和国家是社会亦即人生命共同体的不同形态。其中一个重要的关系是个体和社会整体的关系。

所谓个体是指一个不可分割的单一的存在者。如果它还要被分割的话，那么它的生命则会受到伤害并会死亡，不复存在。我们这里所说的个体当然不是指其他存在者的个体，而是指一个特别的存在者，亦即人的个体。个体是一个人，相对于作为种类的人，亦即人类。个体只是其中之一。但是作为个体的人不仅在数量上只是指一个人，而且在本性上也只是指一个真正的个人，即这个人是独立、自主和自由的。如果在本性上不是独立、自主和自由的话，那么即使人在数量上只是一个，但他也不是一个真正的个体，而只是一个虚假的个体。

一个真正的个体是如何形成的？这也就是说，个人如何成为个体的？

一个人当然生活在家庭、社群和国家之中。这种种社会形态如同重重天网，而个人就如同这网上的一个链接点。因此个人不可避免地相关于社会。他不仅关联于社会，而且依赖于社会，甚至制约于社会，以至于他被埋没和消解在社会之中。个人成为个体的关键点在于自身的觉醒。人意识到个人存在与社会存在的差异，也就是他自身存在的边界以及与他人存在的界限，并最终完成他自身与他人相分离。

个体的建立作为人从社会的分离表现为他自身的独立。独立的本意是指人依靠自己的双脚站立，而不是依赖别人的支持和力量。当然人能凭借自己的双脚不仅去站立，而且也去行走。一般所说的个体的独立是指人摆脱了社会绝对的规定和支配，依靠自己而存在。但个体何以可能独立？这在于他能够自己建立自己的根据，凭借此根据，他能展开自己的存在。不过人们依然还要追问：这个根据具体意味着什么？一般认为，人独立的根据是理性。通过理性，人获得了启蒙，亦即获得了光明而照亮。这光亮既照亮人自身，也照亮人的世界。由此人从童年而走向成年，并依据自己而存在、思想和言说。但理性有它的限度。也许正是它能够蒙蔽人、限制人，而需要人们进行再次启蒙。人们为此找出了理性的对立面：非理性。它是人的欲望、激情等，是存在于理性之外的，甚至是理性之下的。人凭借非理性，打破了理性在知识和道德等方面对于人的束缚，从而发现属于自身的独特的存在。但非理性也许会与理性一样包括了致命的危险，也让人的存在由有根据变成无根据。事实上，个体独立的根据既不只是在于理性，也不只是在于非理性，而是在于他存在于真理之中。此真理就是关于人与世界的唯一的真相。它的显明给予了个体存在的根据。由此看来，存在的真理比理性和非理性更加本源。

一个存在于真理之中的个体是自由的。所谓自由就是自己规定自己和世界。人既不再被他人所规定，也不再被世界所规定，而是被自己所规定。他决定自己去存在、思考和言说。一种自由性的存在是一种最大可能性的存在。可能性是存在的自由状态，也是个体存在的自由状态。这在于人的存在的决定要素并非一元，而是多元。这些多元要素在不同的时间、地点和条件下就会形成人的各种不同的存在情态。因此可能性的存在既打破了必然性的命运，也超出了现实性的限制。它使无可能性变成了可能性，或者相反，使可能性变成了不可能性。这样一种有无之变的可能性是最大的可能性，使有限的存在转化成无限丰富的存在。

当人实现自由时，个体存在的意义将进一步地凸显出来。这在于

論大道

世界不断从物还原到人，从他人还原到个人，从外在还原到内在。这种还原将达到个体存在最真实的规定，亦即个体存在的唯一性。人们一向用"人是理性的动物"去理解个体的存在，但这刚好会遮蔽并否定个体的真实本性。为什么？这是因为理性自身是没有肉身的。当只是重视理性的规定的时候，人们就会遗忘个体的肉身性。同样人们也习惯于说"人是万物之灵"，这也会导致对于个体存在的片面认识。灵是心灵，是不同于肉体的存在。当强调人凭借心灵而优先于万物的时候，人们也会放弃个体的肉身性。但人却是一个身体性的存在者。

人和身体是一种什么样的关系？一般认为，人有一个身体，正如人还会拥有一些身体之外的东西一样。这也可以同时假定，当人丧失了他的身体之后，他还会拥有一些身体之外的东西。这认可了身体是人所拥有的诸多要素之一。但身体和它之外的要素是一种什么样的关系？如果身体是它之外的要素的基础的话，那么只有身体存在，那些它之外的要素才能存在；一旦身体不存在，那些它之外的要素就不可能存在。但如果身体和它之外的要素是平行关系的话，那么当身体存在，那些它之外的要素就会存在；当身体不存在，那些它之外的要素依然可能存在。这正如人们所说的灵魂不死。在身体死亡之后，人的灵魂继续存在，不会灭亡。"人有一个身体"的观点没有真正把握人与身体的关系。它实际上承认人可以拥有一个身体，也可以不拥有一个身体。即使当人拥有身体的时候，身体也不是唯一的，至少不是最重要的。

事实上，不是人拥有一个身体，而是人就是一个身体。这就是说，人完全是和身体同一的。如果没有身体的话，那么人就不是一个人。他要么是一个幽灵或鬼魂，要么是一个神灵。只有当身体存在的时候，人才是一个人，是一个充满血肉的真实的存在者。人除了是一个身体之外，并不是其他任何一个东西。身体和人相互规定：身体是人的身体，人是身体的人。

但什么是这个人的身体？日常和哲学的观念一般将人的身体等同于肉体。当人们谈论身体的时候，它实际上指的是肉体；当人们谈论肉体的时候，它实际上指的是身体。最狭义的肉体指的是人的肌肉组织，相对于人的毛发和骨骼。一般的肉体指的是人的生理结构，相对于人的精神。但人的身体不能简单地等同于肉体。这在于身体虽然包括了人的生理结构，但它是肉体与灵魂的统一，是生命的完全的整体。灵肉二元论分割了灵魂和肉体，认为两者并列。这样就会形成没有肉体的灵魂和没有灵魂的肉体。事实上，灵肉是一体的。但这并不意味着肉体决定心灵，或者相反心灵决定肉体。肉体与灵魂统一的基础在于人的存在的活动。在人的存在活动之中，作为身体的肉体是有灵魂的，同时作为身体的灵魂是有肉体的。肉体是灵魂的基础，灵魂是肉体的指导。它们在存在活动中相互作用，共同生成。肉体与灵魂的分离只是在这个统一体内部的一种相对的分离。人们一般所说的身体只不过是在肯定灵肉统一的前提下而重点强调肉体一方而已。因此身体也常常成为肉体的代名词。

人的活动就是身体的活动。它一般可以区分为三种形态：身、语、意。身是指身体外在的活动，如手脚的运动，包括静坐、行走、躯体的姿态、面部的表情等。语是身体通过口舌的语言表达，如独白、对话和多人交谈等。意是身体内部的意识行为，如感觉和思维等。这三者是一般所说的人的活动、语言和思想。它们虽然有所差别，但事实上是统一的。不仅手脚的运动是身体的，而且语言的言说行为也是身体的，是口舌的发音，此外思想的思考行为也是身体的，是大脑的机能。更重要的是，它们之间也相互作用。一种手脚的运动

論大道

会伴随着思想和语言；一种语言也会带动躯干和四肢，并会关联于思想；一种思想也会导致身体的活动和口舌的发音。虽然我们可以将人的身体活动区分为身、语、意三个方面，但实际上它们始终是作为整体在活动。

人的身体不仅是人的存在的直接现实，而且是人通向世界万物的首要通道。人与世界内的存在者的共在在本源上并非是由于人们所设想的无身体化的思想和语言，而是由于人的身体。这在于人的身体已经首先存在于世界之中。人与人相遇正是人的身体与他人的身体相遇。人们走在一起，聚集在一起，甚至握手、拥抱。但人们也会动手斗殴、拳脚相加。其次人的身体与工具相遇。工具是人的手上之物，是人使用的手段。人的双手创造和使用工具去制作一个物。人的身体再次与万物相遇。万物是自然物和社会物等。尽管这样，不仅人的双手，而且人的身体也可以触摸它。人的身体最后与世界整体相遇。人是一个有机的世界，世界是一个无机的身体。人的身体与世界共生共在。

正是在人的身体与世界相遇的活动之中，他才能通过身体的感官去感知并作用于世界万物。人的眼睛看到形体和色彩，耳朵听到声音，鼻子闻到气味，舌头品尝到味道，皮肤触摸到物体的硬度与温度等。同时人的语言行为一方面是他的口舌在言说，另一方面也是他的耳朵在倾听。从身体的活动出发，人才能超出身体的感觉去思考和言说世界。一切非身体性的思考和言说都是建立在身体性活动的基础之上的。

但身体有其固有的限度，使人只能生存于有限的空间与时间之中。

人的身体具有空间的有限性。在天地之间，人不是唯一的存在者，而是众多的存在者之一；而在人类之中，个体也不是唯一的存在者，而是众多的存在者之一。人的身体的皮肤构成了天然的边界，是不可突破的，既不能缩小，也不能扩大。比起天地的崇高，人类凸显了其卑微；比起人类的伟大，个人呈现了其渺小。

人的身体除了其空间的有限性外，还有其时间的有限性。在存在者整体之中，矿物是无生命的，无所谓生，也无所谓死；植物是无感觉的生命，有生长，也有枯萎；动物是有感觉的生命，有活着，也有死亡，但不知道自己的死亡；人作为一种生命的存在者，不仅有生有死，而且知道自己的生死。与人相关的还有鬼和神。鬼是不死的死者，而神是不死的生者。在众多存在者之中，人是唯一能知道自己死亡的存在者。每个人的生命都会经历从出生到死亡的过程。事实上，人去活着就是去死去。人的寿命有其终期，因此人多活着一天就是早临近死亡一天。这是人的存在中生命即死亡的奇异悖论。当人的生命开始觉醒的时候，他就发现了生命与死亡相伴。人们随时随地处于生存与死亡的边界上，一方面渴望活着，另一方面恐惧死亡。

死亡作为个体的存在的根本规定具有多种模态。首先，人的生命的死亡是必然的。死亡作为生命的终结意味着，无生命没有死亡，有生命必有死亡。人作为有生命的存在是必然死亡的，而每个人也是必然死亡的。死亡对于每一个人都是无可逃脱的，不可逾越的。其差别只是在于，有人早死，有人晚死。有人不得好死，有人死得其所。其次，这一必然性的死亡也是可能的。人虽然最终必有一死，但是现在尚未，于是死亡成为活着的人的一种可能性。人也许今天死亡，也许明天死亡。死亡是尚未确定的，但随时可以到来。最后，死亡的可能性还是会变成现实性。在人死亡的时候，心脏停止了跳动，鼻子停止了呼吸，身体成为遗体。人死了就是死了，是不可逆转的，因此不可死而复活。死亡是人无法超越的大限。在这个特别的时候，人的有限性真正地完成了。

既然个体是身体性并因此在空间和时间上具有有限性，那么他的存在就不是无限性的活动，而是有限性的活动。他的生命的活动始终是被其身体的有限性所规定的。与此相关，他的思想也是有限的。人对于世界整体不是全部知道的，而是局部知道的。他只知道那些在其存在之中所发生的事情，而不知道那些在其存在之外所发生的事情。世界的很多部分是神秘的。此外人的语言也有其限度。他只能言说那些他所知道的事情，而不能言说那些他所不知道的事情。对于神秘的事情，人们必须保持沉默。

只有在有限性的基础上并通过对它的克服，人的存在才能够开展其无限性，即非有限性。因此个体存在的无限性并非是一种无限空洞的无限性，而是一种否定了有限的无限性。

个体的有限性导致了个体之间的差异性。正是在与他人相区分的时候，个人才获得了自身的规定，而形成了自身。这也意味着每个人都是独特的，都是"这一个人"。不管是我、你、他，每个人都是一个他样的他者，每个人的存在都是他样的存在。既然如此，每一个人的存在都不可替代。虽然人们可以相互替代去从事某一具体的事情，但是都只能自己去生去死，他人不能代替自己去生去死。

个人不仅与他人相区分，而且也与自身相区分。这使人从一个旧我转换成一个新我。个人的存在是不断生成的，这就导致每个人的每时每地都是独特的，都是"此时此地的人"。既然如此，那么每个人的存在也是不可重复的。人的生命只有一次，没有轮回或者转世。这就是说，既没有往世，也没有来世。这足以显示今世的珍贵。同时在人的存在历程中，过去、现在和将来是流变的，每一个存在和消失的瞬间都是无法事后弥补的。

个人的尊严正是建立在其存在的唯一性的基础之上。每一个人都是唯一的，每一个存在的时刻也是唯一的。

5. 个体与社会

在分别探讨了社会和个体存在本性之后，我们还要讨论它们之间的关系，看看个体是如何作用于社会的，同时社会又是如何作用于个体的。

毫无疑问，个体是社会的基础。无论是家庭、社群，还是国家等社会形态，它们都是由无数个体所组成的。没有个体，就无所谓社会，正是有个体及其交往活动，才有社会的建立。如果社会是一个大厦的话，那么个体就是其中的一砖一瓦。社会并非是无个体的，而是个体的组合等。它并不是超出了个人存在之外的某种独立的存在物，相反总是相关于个人的某种体制和组织。社会虽然是由无数个体所组成的，但它可能具有两种完全不同性质的形态。一种是由真实的个体组成的社会，另一种是由虚假的个体组成的社会。前一种社会是有个体的，后一种社会是无个体的。但只有由真正个体所组成的社会才是有生命力的社会。

个体是社会活动的实现者。无论是社会的生活，还是社会的生产，或者是社会的其他的事情，它们都是无数个体参与的活动。这些活动有着不同的形态和方式。它或者是单纯个体性的，或者是由个体组成的群体性的，甚至是国家性的，更有甚者是人类性的。但那些非个体的活动也不过是不同的个体所组成的集体活动。作为集体，它将组织、安排和协调个体之间的活动，让它们形成一个整体并产生最优的效果。

个体是社会的目的。社会活动并不是无目的的活动，仿佛是随意的、任性的和偶发的，而是不仅有既定的目的，而且知道这个目的。当然社会的目的不是外在的，而是内在的。这就是说，社会的存在与发展不是为了上帝或者自然，而是为了社会自身。但社会自身并不是一个抽象的共同体，而是社会的人和人的社会。这里的人既是作为整体的人类，也是作为个体的个人。作为整体的人表现为家庭、社群和国家。如果说家庭的目的是家庭的话，那么它也是为了其中的每一个亲人；如果说社群的目的是社群的话，那么它也是为了其中的每一个成员；如果说国家的目的是国家的话，那么它也是为了其中的每一位公民。因此整体的人作为目的就具体化为个人作为目的，也就是每一人作为目的。每个人既是生活的目的，也是生产的目的。个人的生存、发展和自由是社会发展的唯一目的。

虽然社会被个体所规定，但个体也被社会所规定。在这样的意义上，个人绝非是非社会的存在，而是社会的存在。一个没有社会的人或者个体是根本不存在的，而只是一种虚构或者幻想。事实上，现代人的个体意识是随着历史的进步逐渐从类意识中分离出来的。但这又在于个体存在是从社会存在中分离出来的。社会首先需要解决个体间的共同问题，如生存的基本需要。此时的个体淹没在普遍性的存在之中，是同一的，是无分别的。当个体间的共同问题解决之后，社会才会帮助解决个体自身独特的问题。此时个体的存在就走出了同一性，而具有差别性。尽管个体的存在和意识得到确立，但任何个人只有在社会之中才能活着。不仅个人一些社会性的需要必须依赖于社会才能满足，而且他的一些私人性的需要也必须直接或者间接地依赖于社会才能实现。

个体虽然从社会中分离出来，但他不是绝对孤立的存在，而是处于关系之中的存在。当个人为社会所同化的时候，他既不是独立的，也不是与他人建立联系的。而只有当个体真正确立的时候，他才一方面是独立的，另一方面是与他人建立联系的。这在于只有当个体独立的时候，他才能与他人交往并产生与他人的关系。同时也只有在与他人交往并与他人的关系之中，个体才能真正地独立并成为他自己。

任何个人都是社会关系的总和，他的存在、思想和语言都是社会性的。首先，个人的存在是社会性的。无论是谁，人都是生活在家庭、社群和国家之中。他的生活如衣食住行都依赖于社会提供的条件，同时他的生产活动也只能在群体中才能进行和完成。其次，个人的思想是社会性的。除了我思只是纯粹关涉自身之外，人们都是在思考他人和世界。即使是纯粹的我思，也要借助于人类已有的思想资源。最后，个人的语言是社会性的。语言本身就是人与人交流的产物，并实现在言说和倾听之中。虽然人也会独白，但他所用的语音、语词和语法等本身就是人类共同约定的成果。没有绝对的私人语言，只有公共语言的私人化运用。

既然社会离不开个体，同时个体离不开社会，那么个体和社会就要各自从自身出发而承认另一方的存在，并遵守共同的规则。一方面，个体确立自身存在与活动的边界。他自己规定自己，支配自己的存在、思想和语言。同时他不伤害社会与其他个体的存在，并促进社会与其他个体的存在。另一方面，社会确定自身存在与活动的边界。无论家庭，还是社群和国家，它们既要维系不同生命共同体的运行，也要保障人人平等，推动个人发展。

但在历史上，个人与社会之间充满了种种矛盾。一方面，社会压抑个人。为了社会的整体利益，个体在历史的发展中往往是忽略不计的。另一方面，个人反抗社会。尤其是那些特殊的个体，如先知者和先行者敢于打破社会的枷锁和链条。

但个人与社会的最理想的关系是相互促进。一方面，社会培育个人。社会为个人的存在提供各种条件，促使其成为身心全面发展的自由人。另一方面，个体贡献社会。个体不仅追求自身的存在与自由，而且让社会共同拥有这种存在与自由，让其他的个体也享受这种存在与自由。

这种社会和个体的和谐关系构成了一个共生共存的世界，完全实现了共产主义社会的真正本性。共产主义社会一般被理解为一种独特的社会历史形态。人们将人类的历史发展阶段按照社会的性质作了不同的区分：原始共产主义社会、奴隶社会、封建社会、资本主义社会、社会主义社会和共产主义社会。但对于共产主义本身，人们作出了不同的阐释。最粗鄙的共产主义是共产共妻，也就是每个人共同拥有财产和性伴侣。与此不同，最高级的共产主义是各尽所能，按需分配，也就是每个人全力发挥他身体和心灵的能力，然后根据自己的需要分配到相应的产品。但这都没有切中共产主义的真正本性。共产主义在根本上要规定为共生主义。作为共生主义意义上的共产主义不能狭隘地理解为共同拥有财产或者共同分配产品。这种意义的共产主义社会只是从物出发的社会，而不是从人出发的社会。一个超出了从物出发而从人出发的社会的核心是人的共同生存。这就是说，人们共同生活在同一个世界之中，这个世界是人类的生命共同体和命运共同体。在这一共同体中，人们不仅共同存在，而且相互给予，共生共荣。他人走着一条独特的道路展开他的存在，我也走着一条独特的道路展开我的存在。同时人我相互生成。他人的自由存在促进我的自由存在，我的自由存在也促进他人的自由存在。人我既是生成者，也是被生成者。正是在人我的交互生成中，整个社会成为一个共生的社会。人们不仅创造一个繁荣的物质世界，而且也建构一个自由的人类世界，发展和丰富人自身的身体与心灵。这种共生主义社会不仅是物的完全实现，而且也是人的完全实现。但它既不能理解为一种向原始共产主义社会的简单的回归，也不能理解为一种现在尚未而只有在将来才能实现的乌托邦。事实上，共生主义的世界就是我们所属世界的真正本性，是其存在的最大可能性。

四、心灵世界

1. 心灵自身

在世界整体之中，除了自然和社会的维度之外，还存在着心灵的维度。虽然心灵离不开自然和社会，并与它们具有不可切割的关系，但它拥有自身相对独特的领域和本性。

人不是一般的存在者，如矿物、植物和动物，而是一个特别的存在者，即有意识的生命的存在者。有意识的生命将人与其他的存在者区分开来。这就是说，一旦当人没有意识到自己生命的时候，他就不是人；而只有当他意识到自己的生命的时候，他才是人。同时有意识的生命自身中的意识和生命也是相互规定的。他的生命是有意识的生命，他的意识是有生命的意识。凭借有意识的生命，人知道自己和世界的本性。唯有如此，人才能展开自己的存在，并能生存于这一世界之中。

在一般语言中，意识实际上具有广义和狭义之分。狭义的意识只是心灵活动的一部分，既区分于潜意识、无意识等，也区分于意志和情感等。但广义的意识就是心灵活动的全部，既包括潜意识和无意识等，也包括意志和情感等。但什么是心灵自身？它并不是一个独立存在的实体，如同其他存在者一样。它一向被理解为人的身体的机能，或者是心脏的活动，或者是大脑的活动，或者是心脏和大脑共同的活动。心灵是如何去意识或者去思考的？在意识和思考时，心灵并不直接关涉事物，而是将它转换成大脑中的相应的影像或者是符号、语言。因此心灵所思考的并非是事物本身，而是它们的替代品。在此基础上，心灵把事物的本性揭示出来。虽然心灵不能等同于心脏和大脑自身，但它真实地存在着，如同人的身体一样。只要人的身体活着，人的心灵就活着；只有当人的身体死了，人的心灵才会死了。人的身体与心灵是一个有区分但又不可分割的统一体。既不可能存在有心灵而无身体，这种心灵只是一种漂浮的幽灵；也不可能存在有身体而无心灵，这种身体只是一种行尸走肉。

既然心灵和身体既是同一的又是差异的，那么我们就有必要探讨它们之间是如何互动的。一方面，身体会对于心灵有直接的影响，这在于心灵是身体的心灵。一个健康的身体和疾病的身体带来的心灵征候是根本不同的，同样身体的快乐和痛苦也会导致心灵相应的反应。另一方面，心灵也会对于身体有直接的影响，这在于身体是有心灵的身体。心灵在激动或者平静的状态下，身体的内外器官都会发生变化。但身心关系绝对不是一元的，而是多元的。它们或者是分离的，或者是合一的，或者还存在其他的样态。在身心分离的情况下，身体的行为与心灵的活动脱节。这就是说，身体是身体，心灵是心灵。一方面，身体的行为未被心灵所意识。如在梦游和醉酒的时候，人的身体行为就无法被自己清醒地认识。另一方面，心灵的活动超出了身体的存在。如在做梦和灵魂出窍的时候，人的意识就飞离了人的身体自身所处的情境。身心分离的极端情形是：身体的行为并非心灵的意愿，心灵的意愿也非身体的行为。它们是分裂的、矛盾的、对抗的，因此导致人的身心的痛苦。与身心分离不同，身心合一是完全另外的情形。它们亲密无间，完全一致，聚集在唯一的活动之中。心灵所思考的，正是身体所为的；或者身体所为的，正是心灵所思考的。除了上述所说的身心分离和身心合一两种状态之外，还有一种在身心合一基础上的心物一体。固然人的心灵受到身体的影响，同时心灵也会思考身体的现状与活动，但在心灵专注于并非人自身身体的事物的思考的时候，身体的存在是隐而不显的，甚至心灵自身的存在也不复重要，此时只有所思之物的呈现。这个所思之物不是其他什么东西，而就是生活世界中的人与万物。

心灵虽然不可能如一个实体那样地被人们所把握，是不可见的和不可闻的，但它并非不存在，空无一物。同时它也不只是潜藏于人的心脏中和大脑中，变成内在的、神秘的而不可捉摸，而是显现出来，成为一个存在者。这个特别的存在者不是其他什么东西，而就是语言。人们认为，言为心声，言为心迹。根据现在一般的语言学和哲学的观点，文字是声音的记录，声音是心灵（思想）的表达，心灵是存在（或者事物）的反映。这是关于心灵与其相关物的一个固有模式。存在是现实中发生的一切事情，亦即万事万物。思想作为存在的反映，一方面是对于存在的摹写，另一方面是对于存在的指引。语言作为人类的发声是清晰的、有音节的并赋予意义的发音。声音存在于时间之中，短暂出现之后就会瞬间消失。但文字则将时间性的语音转为空间性的符号，使之能固化保存并流传。拼音文字只是语音的记录，而形意文字则不仅记录了语音，而且在其形象的设立当中生成出更丰富的意义。在这个关于语言、思想和存在的模式中，心灵一方面将外在的存在的事物内化，另一方面将此内化的事物外化为语言。因此人们可以通过心灵所思考的事物和所表达的语言来探讨心灵自身。此外人也可以通过内省而反思心灵自身的本性，但这种心灵不是非语言的，而是一种内在的无声语言。由此可见，所有心灵的活动都是通过语言并在语言中进行的。正是基于如此的理解，现代哲学将传统的意识问题和心灵问题转化成了语言问题。在对于语言的思考中，人们探索心灵自身以及它是如何思考万物的。

2. 心灵的结构

虽然心灵是一个有机的整体，是不可分的，但就其机能而言，它可分为多种要素。

在人类思想史上，对于心灵最完备和细致分析的理论当属于东方佛教的唯识学说。它主张万法唯识，一切唯心。因此其学说的核心就是关于心灵及其觉悟的理论。它将人的意识分为了八个方面，眼识、耳识、鼻识、舌识、身识、意识、末那识（我识）和阿赖耶识（藏识）等。

眼、耳、鼻、舌、身是身体的感官，其感觉机能形成了感性认识。其中眼识是视觉。人内依眼根，亦即视觉器官，外依色境，亦即事物的形体，而形成视觉，亦即看到形体；耳识是听觉。人内依耳根，亦即听觉器官，外依事物的声境，亦即声音，而形成听觉，亦即听到声音；鼻识是嗅觉。人内依鼻根，亦即嗅觉器官，外依事物的香境，亦即气味，而形成嗅觉，亦即嗅到气味；舌识是味觉。人内依舌根，亦即味觉器官，外依事物的味境，亦即味道，而形成味觉，亦即尝到味道；身识是触觉。人内依身根，亦即触觉器官，外依事物的触境，亦即触体，而形成触觉，亦即触到触体。人的五官的感觉机能分别感受事物的五种特性而形成五种不同的感性认识。它们各自属于自身独特的领域，而具有相对的独立性与特别性。

与前五识不同，第六识是意识。它是人对于诸法亦即一切存在者所产生的认识。人内依意根，亦即意识器官，外依法境，亦即法相，也就是存在者整体，而形成意识。意是人超出感官感觉的思维的机能，由概念、判断和推理构成。它能把握事物的整体及其本性。

在六识之外，心灵自身还可以进一步的区分。第七识是末那识，其本意是思量的意识。它恒常审查，其核心是我，故它也称为我识。第八识是阿赖耶识，其本意为藏识。所谓藏识包括多种意义，可分为能藏、所藏和执藏三种。首先它含藏万法，亦即一切存在者，是能生出各种现行果法的种子。相对于种子，藏识是能藏。其次它被前七识所熏习。相对于前七识，藏识是所藏。再次它被末那识执为自我。相对于末那识，藏识是执藏。

在八识之中，前五识针对特别的尘境，不具备分别。第六识亦即意识针对一切法，亦即一切存在者，能分别一切法及其相互关系。第七识亦即末那识针对我，能分别人我，把阿赖耶识生出的我执为实我，而生出我的各种念头。第八识亦即阿赖耶识是根本识，前七识均为其所规定和支配。

論大道

佛教不仅是关于心灵活动描述的学说，而且是关于它的改造的理论。佛教强调心灵通过觉悟去除迷误从而改变自身的本性，也就是实现转识成智，形成四种智慧。人的意识中的前五识转成任运无碍的"成所作智"，意识转成无有分别的"妙观察智"，末那识转成视诸法没有高下的"平等性智"，阿赖耶识转成清静圆明的"大圆镜智"。唯有如此，心灵才能意识到诸法实相，亦即获得一切存在者的终极真理。

与东方佛教不同，西方哲学一般将心灵或者思想划分为感觉、知觉和理性三个方面。

感觉是人的心灵通过感觉器官直接觉察存在物的个别属性。它是心灵最原初的样式，是存在物向心灵显现的最早形态。作为时空直观的能力，感觉觉察在时空中存在的事物的感性特点，如色彩和声音等。感觉不仅包括了外感觉，而且包括了内感觉，如感觉人自身四肢的活动、心跳和呼吸等。感觉虽然是直接的（此时此地的此一存在）和单一的（事物的个别属性），但它能使人分辨他所遇到的事物和他自身。

知觉或者知性是心灵在感觉的基础上对于存在者整体特性的把握。它是人的感觉的综合运用，同时也是人对于事物全部的理解。由此它对于事物的本性进行判断，断定一个事物是什么，或者相反，一个事物不是什么。

与感觉和知觉不同，理性是心灵的最高部分。它是心灵的原则的能力，为事物的存在说明根据和提供根据。它一方面为思想自身建立根据，另一方面为存在建立根据。它要回答：思想为何如此思想？存在为何如此存在？

但传统思想一般将人的心灵划分为知、意、情三个部分，也就是认识、意志和情感。认识是理论理性的能力，上述的感觉、知觉和理性都属认识的范围，其关涉的范围是自然，其主题是真，其相应的学科是认识论。意志是道德实践的能力，其关涉的领域是道德，其主题是善，其相应的学科是伦理学。情感是愉快与不愉快的机能，其关涉的领域是艺术，其主题是美，其相应的学科是美学或者艺术哲学。知、意、情三者构成了心灵的整体，也是传统心灵哲学的固有模式和概念机器。这三方面固然不同，但它们最终都建立在理性的基础上，并直接或者间接被理性所规定。

但现代思想更加强调了非理性的意义。非理性包括了心灵中那些不是理性的思想，特别是那些与理性根本对立的思想。它们是非逻辑的、无意识的、直觉的，甚至是疯狂的。非理性学说认为理性有其天然的限度：一方面，理性不是心灵的最高原则；另一方面，理性不能显示存在的最高本性。理性固然是属于心灵的，但非理性也是属于心灵的。正如理性是心灵的活动一样，疯狂也是心灵的活动。非理性所揭示的事物的本性是前理性的和超理性的，比理性更加本源，也更加真实，但它为理性所不能理解，用逻辑概念所不能表达。

与非理性相反的方向是思想分析化和计算化。语言分析哲学认为语言分析才是思想的首要任务，甚至是唯一的任务。只有通过语言分析，人们才能分析心灵和它所思考的事情。基于这样的理由，思想对于心灵的分析就转变成了语词、命题和逻辑的分析。不仅如此，而且语言分析引入了逻辑和数学运算，从而计算出心灵的模态和程序。在这样的关联中，心灵自身也被分析化和计算化，它的活动就是分析和计算：假如人们这样做，事情会怎样；假如人们不这么做，事情又会怎样。

3. 生命的心灵

不管是心灵的理性化还是非理性化、计算化和分析化，它们都会让心灵走向单一化和片面化，让它丧失其整体并迷失其本性。因此思想的根本的问题在于，人们必须回到心灵的完整的自身，并揭示其真实的本性。

首先，心灵的回归要避免自身的分裂。人们不能用心灵某一个别部分和功能来代替其整体与本性。正如理性不是心灵的本性一样，非理性也不是心灵的本性。人们更不能将人的心灵理解为一个计算机。相反心灵是一个有机的生命体，具有产生、持存和消灭的过程。它不仅自身是一个生命体，而且也从属于人的生命体，并充当它的机能。心灵总是生命的心灵，而不是非生命的心灵。在这样的意义上，心灵既不能将自身标识为知意情、理性和非理性中的任何一种，也不能切割自身与人的存在的内在关联。

其次，心灵的回归要摆脱外在事物的限制。这就是说，它要让自身从各种外在事物的束缚中解放出来。在历史上和现实中，人的心灵常常被外在事物所遮蔽和压制，而成为它们的奴隶。这样的心灵既不能思考自己，也不能思考万物。只有当心灵超出外在事物的时候，它才能从自身之外返回自身之内。

所谓的外在事物有自然形态的，因此心灵要摆脱自然的束缚。自然的规律不能限制心灵的法则，心灵的法则超出了自然的规律。心灵不能囿于自然的王国，对自然产生迷信和膜拜，而要探讨自然的规律。

所谓的外在事物有社会形态的，因此心灵也要摆脱社会的束缚。

社会设立了许多规则和制度，由此产生了许多压抑心灵的机制，如限制言论自由和思想自由等。心灵必须打碎这些枷锁而解放自己，并去探讨社会现实。

所谓的外在事物还有身体形态的，因此心灵还必须摆脱人自身身体的束缚。虽然心灵建立于身体之上，但它并不是身体的附庸。心灵不能被身体的感官的感觉所限制，而要超出这种在具体时空中的感觉之外。

再次，心灵的回归要去掉自身的遮蔽。人在思考事物的时候，心灵一般都不是空的，而是有的，充满了各种先见和偏见。这些或者是由日常经验积累而来的自然观念，或者是由思想历史学习而来的理论观念。无论是自然观念还是理论观念，它们都遮蔽了心灵的本性，从而阻碍了人们去知晓事物的本性。人要摆脱这些自然性的和理论性的障碍，让心灵自身处于空灵状态，而直接走向事情自身，把事情作为事情自身揭示出来。

心灵不仅要去掉有的遮蔽，而且也要去掉无和空的遮蔽。当心灵被有遮蔽的时候，人们容易发现各种遮蔽物；但当心灵被无和空遮蔽的时候，人们却不容易辨别这种独特的遮蔽物。人们惯于追求心灵的无思的状态，什么也不想，什么也不思。人们不仅处于无思的状态，而且也处于无言的状态，甚至由此也导致无为的状态。但空空如也的心灵其实是毫无意义的。心灵自身中的无的遮蔽远远超过了有的遮蔽的危害。它不是心灵的生，而是心灵死。只有去掉自身中的无的遮蔽，心灵才会获得生命。这样人们才能由无思转向有思，由无言转向有言，由无为转向有为。

这才能让心灵成为一个有生命的并且是自由的存在。

4.心灵的活动

一个回归自身的心灵才是纯粹的心灵。这就是说，它只是它自身，没有被它自身之外的其他任何东西所污染。唯有如此，心灵才能将自身作为自身显现出来。那么一个纯粹的心灵是如何将自身揭示出来的？它虽然不是一个实体，但是显现于自身的活动之中。它的活动表现为：心灵在思考事情。这是关于心灵活动的简单但完整的句子表达。我们将追问：首先，什么是作为主语的心灵？其次，什么是作为宾语的思考的事情？再次，作为谓语的思考是如何在思考？

如前所述，心灵自身是不可见的，因此语言无法直接描述其形象。对此难以克服的困境，语言有何相应的对策？它只好将不可见的心灵转化成可见的心灵，使之由不可理解的变成可理解的。这样一个根本性的转变是如何实现的？它是通过一个惯用的修辞手法亦即比喻来完成的。人们知道，比喻是用和甲事物有相似之处的乙事物来描写和说明甲事物，从而揭示甲事物的本性。作为比喻的本体，心灵是隐而不显的，但喻体却将心灵显现出来，而喻义包含在喻体之中。因此问题的关键在于揭示喻体自身是如何存在的。在日常语言、诗意语言和逻辑语言中，心灵有很多比喻。但最典型的比喻有两种，一种是把心灵比喻成光明，另一种是把心灵比喻成镜子。

在心灵如同光明的比喻中，心灵是本体，光明是喻体，喻义是以光明的特性揭示心灵的特性。因此我们要思考光明的意义。在此的光明与黑暗相对。黑暗的现象比比皆是。夜半三更是一天最黑暗的时候。即使在白昼，一个洞穴中或者一个封闭的建筑物中也会漆黑一团。那么黑暗的发生究竟意味着什么？万物消失，不呈现自己；同时人虽然有眼睛，但既看不到自己，也看不到万物。人与万物都被黑暗同一化了。但光明刺破了黑暗。天地间最大的光明是天上的太阳和月亮。太阳照亮了白昼，月亮照亮了黑夜。除此自然的光明之外，世界上还有人工的光明。从火把到油灯直到现在的电灯等都能带来光明，驱走黑暗。从黑暗中升起光明的伟大时刻是东方的黎明。在此时刻，黑夜到达了其最极端的黑暗。也正是在此时刻，光明破晓，由朦胧变成大亮，从而照耀天空与大地。在光明的作用下，万物也暴露了自身的本性。同时人们的眼睛不仅看到了光，而且也看到了自己，也看到了光芒照射中的万事万物。如果说心灵如同光明的话，那么它的本性是什么？心灵就是照亮、看见、知道事物的真相。根据作为喻体的光明的意义，人们可以对作为本体的心灵做如下阐释：心灵是从没有意识转向有意识，从不知道转向知道。这是心灵自身的觉悟和启蒙的根本转折性的过程。当心灵意识或者知道的时候，它知道了人自己，同时也知道了世界万物。所谓知道是知道了人之道和万物之道，也就是知道了人与万物的本性。

在心灵如同镜子的比喻中，心灵是本体，镜子是喻体，喻义是以镜子的特性揭示心灵的特性。因此我们要思考镜子的意义。在此的镜子与非镜子相对。一般的物体如石头和木头不能反映外物，但是水，尤其是平静的水面却如同一面镜子一样能够映射物象。在历史上，人们最早发明了铜镜，之后又制作了玻璃镜子。镜子虽然是一个实实在在的物，但是它的反映面是空的，没有任何东西。唯有如此，镜子才能反映外物。但它所反映的并不是物自身，而是物的形象。根据不同的距离和角度，同一个物在镜子中所呈现的形象是不一样的。就镜子自身而言，它也可以分为单面镜、多面镜、球面镜等，其反映的功能各具差异。大圆镜实际上是球面镜，不是反映某种单一的存在者，或者是它的某一方面，而是反映一切存在者的一切方面。大圆镜能映现其自身所在的上下左右，由此对于万事万物无所不包。如果说心灵如同镜子的话，那么它的本性是什么？心灵反映、呈现事物的真相。根据作为喻体的镜子的意义，作为本体的心灵的意义可做如下阐释。心灵自身是空的。当它不思考万物的时候，它自身什么也没有。但当它思考万物的时候，它就显现了万物的存在。心灵中的万物虽然也作为一种形象和声音，但主要是作为语言。万物变成了语词、句子，甚至是多个句子的组合。以此方式，心灵将万物的本性表达出来。

光明和镜子的喻象非常形象地表达了那不可见的心灵的基本本性。它一方面是照亮，另一方面是反映，是光明和镜子的两者奇妙的结合。如果没有光明而只有镜子的话，那么人与万物就不能呈现出来，心灵就不可能反映万物的形象。同时如果没有镜子而只有光明的话，那么人与万物只能是被照耀，心灵就不可能反映万物的形象。根据这种事实，心灵的光明性和镜子性是不可分离的。人们甚至可以说，心灵是一个光明般的镜子，或者是镜子般的光明。这意味着，心灵的本性是照亮的反映，或者是反映的照亮。

我们探讨了心灵自身的特性，亦即作为光明的照射和镜子的反映。这其中不仅包括了思考者，而且也包括了被思考之物。这在于心灵的任何思考都是对于所思考之物的思考。但什么是这个被思考之物或者是所思考之物？

天下之物可谓多矣。有自然物，它们是已经存在和已经给予的，如矿物、植物和动物等。还有社会物，它们是世界所发生的各种事件。对于人来说，这些万物都是身外之物。与此不同，还有人的身内之物，也就是人的身体，包括了肉体器官及其活动。当然还有一种特别的存在物，亦即人的心灵自身。万物、身体和心灵都可以成为人的心灵的思考物。心灵对于外在事物的思考一般可称为外在意识或者对象意识，而对于人自身的思考一般可称为自我意识和自身意识。其中自身意识是心灵自身的觉醒。它自己思考自身，自己意识自身，也就是它自己照耀自己，自己反映自己。人们在这里发现了一个奇异的现象，当心灵将要去意识自己的时候，其实它已经意识到了自己。如果心灵尚未意识到自己的话，那么它是不可能去意识自身的。人们甚至认为，自我意识实际上是对于一个早已存在的自我意识的事实再次经历，使之从无意识转化成有意识，并将其专题化。

但自我意识真的如此吗？让我们仔细分析它自身究竟是如何发生的。自我意识在根本上在于自我自身的确立。我作为我区别于你与他。我是第一人称。在我自称我的时候，我已经意识到了自身的存在，同时也意识到了自身的存在与他者存在的差异。你作为第二人称指称的是一个在场的他者，而他作为第三人称指称的是一个不在场的他者。从与他者的区分并返回自身，自我意识就发生了。自我意识可以完整地表述为一个主从复句：我知道这，即我存在。这实际上预设了一个事实：我存在。在此基础上，我的心灵与我的存在发生关系。但这里会出现两种可能的情形。一种是：我虽然存在，但我没有意识到自己的存在；另一种是：我不仅存在，而且意识到自己的存在。自我意识所指的就是那种意识到了自己存在的意识。

自我意识的语言表达"我知道这，即我存在"包括了极为复杂的内容。第一，我存在指的是我的现实活动，如我与人打交道，与物打交道。第二，我存在指的是我的思考。但思考也会出现两种不同的状态，一种是我思考自我，另一种是我思考非自我。第三，我存在指的是我的言说。我在独白，或者我在与人交谈。根据上述分析，自我意识的语言表达"我知道这，即我存在"可以改写成三个具有同一结构但具有不同内容的句子：第一，我知道这，即我在活动；第二，我知道这，即我在思考自我或者非我；第三，我知道这，即我在言说。

在对于自我意识作如此语言分析的时候，我们将发现它关涉自身的活动绝非一种简单的同义反复，相反它在同一中有差异，在差异中有同一。所谓自我意识的同一性是：思考的我与被思考的我都是同一个我。它们并非两个不同的实体，而是同一个实体。在此传统的主客体的关系模式并不切中我与我的反身关系，这在于我并没有被分裂为一个主体和对象，而是相反聚集为一。所谓自我意识的差异性是：思考的我与被思考的我都从事着不同的活动。思考的我只是在思考，而被思考的我则除了思考之外，还有现实活动与言说。同时被思考的我既可能思考自我，也可能不思考自我，而思考非自我。由于这种同一性与差异性的共存，自我意识就不是对于已经发生的自我的再次经历，而是一种尚未发生的自我的重新开端。

我们已经分析了心灵自身和它所思考的事物，此外我们还需要分析心灵是如何思考事物的，从而揭示心灵自身思考的过程。心灵作用于感官，感官作用于万物。心灵一方面照耀万物，另一方面也反映万物。人们一般将这一过程描述为感性认识和理性认识。所谓感性认识是人的感官所产生的感觉、知觉和表象，是对于事物现象的认识。在此基础上，人发展了理性认识。它是对于事物本性的认识。理性认识包括了三个要素：第一，概念是对于事物本质属性的把握；第二，判断是对于事物本性及其关系的确定和区分；第三，推理是从已知推导出未知的判断，如归纳推理和演绎推理等。但是心灵的真正本性是直接揭示事物的真相，也就是把事物自身作为事物自身揭示或者显示出来。因此所谓思考的过程就是揭示或者显示的过程。人们一般认为的感性认识或者理性认识在根本上都必须建立在揭示或者显示的基础之上，并成为其中一个可能的环节。

心灵思考的显示过程实际上是一个语言言说的过程。人们把事物的本性思索出来也就是把事物的本性言说出来。这是如何发生的？思考一个事物首先是对于事物的命名。命名是人们给予一个无名的事物一个名字，也就是对于事物本性的确定。当一个事物无名的时候，它是无法在心灵中存在的，同时也是无法被思考的。只有当一个事物获得了自身的名字的时候，它才可能是在心灵中存在的，同时才是可能被思考的。当然光一个孤立的名字并不能使事物获得意义。事物的意义是在一个完整的句子中揭示出来的。一个句子就是一个事物的存在的表达，是它的本性、活动、状态和关系等。一个句子和另一个句子形成句子链，并构成有上下文关联的文本。一个文本是一个事物发生的过程，它有其开端、中间和终结。心灵的思考过程正是这样一个文本写作过程。它把一个事物作为一个事物揭示出来了。一个事物是其所是，同时一个事物如其所是。

5. 心与物

心灵在思考的时候，它总是在思考物。但在这一活动中究竟发生了什么？

心灵思考物在根本上意味着它照亮和反映了物，具体而言，就是照亮和反映了人类社会与自然。我们说，心灵自身具有光明。但心灵是人的心灵，因此它就是人的光明。没有心灵，人自身是黑暗的，如同其他动物一样；社会同样也是黑暗的，变成了丛林并且遵从丛林法则，弱肉强食；此外自然也是黑暗的。它虽然是已经存在的，但是被遮蔽的、神秘的和不可通达的。只是心灵照亮了人自身、社会与自然，才呈现了人、社会和自然的真实本性。心灵不仅是光明，而且是具有光明的镜子。它首先反映了人自身，让人知道了自己；其次反映了社会，让人知道了社会；最后反映了自然，让人知道了自然。

心灵不仅能照亮和反映物，而且能指引人去创造物和改变物。这实际上意味着人能创造和改变自身、社会与自然。作为有意识的存在者，人正是根据心灵有意识地创造了自身，成为人性的人。同样人正是在意识的指导下，建立了社会作为人类共同体，告别了自然法则而追求正义法则。此外人在认识了自然规律的基础上改造自然，让非人的自然成为人化的自然。通过如此，自然也成为人的生活世界的一部分。

虽然心灵能照亮、反映和创造物，亦即人、社会与自然，但心灵的伟大的作用不能曲解为随心所欲的幻想，不能导致唯心主义的片面主张。在心与物的关系上，唯心主义强调心灵第一性，物质第二性，从而认为心灵决定物质，物质被心灵所决定。但是唯心主义没有阐明心灵是如何为自身建立根据的，同时是如何意识和创造物质的。虽然我们否认片面的唯心主义的主张，但这丝毫不意味着要走向它的对立面，亦即坚持片面的唯物主义的主张。历史上的唯物主义在心与物的关系上，强调物质第一性，心灵第二性，从而认为物质决定心灵，心灵被物质所决定。但是唯物主义没有阐明物质是如何为自己建立根据的，同时是如何决定和支配心灵的。

事实上，片面的唯心主义和片面的唯物主义对于心灵与物质的关系的解释都是错误的。这在于心灵与物质的发生之处在于人的生活世界。作为生活世界本身，它既有心灵，也有物质。因此无论是唯心主义还是唯物主义，都没有全面解释人的生活世界的真正本性。这就需要人们放弃片面的唯物主义和片面的唯心主义的僵硬思维。

人的生活世界是心灵与物质发生的本源之地。人的心灵之所以能够意识万物，是因为人已经在生活世界中与万物相遇，共同存在一起。离开了人的现实存在活动，人的心灵只是一个空洞的心灵，万物也只是一个僵死的万物。人的心灵作用于身体的感官，而感官作用于万物，从而产生了对于万物的意识。无论是照亮，还是创造人、社会和自然，心灵始终只有在人的存在活动中才能实现。正是现实的活动使思维和存在达到了同一，意识和物质达到了同一。那所思考的，是那存在的；同时那存在的，是那所思考的。这种同一的关键之处在于，人的现实活动使物质变成了精神，同时也使精神变成了物质。心灵与物质的同一作为心物合一实际上也包括了心身合一。当物质是指一般的物质的时候，它既包括了人的身外之物，也包括了人的身内之物，所谓的物质和精神的同一也就是一般意义的心物合一；当物质是指一种特别的物质，亦即人的身体的时候，所谓物质和精神的同一就是心身合一。但无论是心物合一还是心身合一，它们都只能发生在人的现实存在活动之中。

除了创造人、社会与自然之外，心灵还建立了自身所独属的领域。它不同于自然与社会，而是独特的精神世界。它主要表现为宗教、哲学和文学艺术等。

宗教是人对于自己与世界的终极本源的信仰。汉语宗教的宗字意味着宗主和根本。这个根本一般被认为是神或者上帝，当然它们会以多种形态出现，如自然的、人格的和精神的。人们相信神或者上帝，并怀有敬畏、崇拜之情。所谓信仰是持以为真，也就是把真理当作真理。宗教回答了人类存在的最基本的问题：世界的本源是什么和人的

論大道

本源是什么。它不仅认为世界的根本是神或者上帝，而且认为人的根本也同样是神或者上帝。关于人的根本可具体化为下列三个问题：我从哪里来？我是谁？我到哪里去？第一个问题是追问和回答人的来源问题：人源于神或者上帝。第二个问题是追问和回答人的本性问题：与神是不死者不同，人是要死者。第三个问题是追问和回答人的目的问题：人归于神或者上帝。根据所信仰的神的不同形态，宗教可分为数种。万有神教是泛神论，认为宇宙万物皆充满神灵；多神教崇拜许多神灵；一神教只崇拜唯一的神灵。现在世界一般的宗教都是一神的宗教，如犹太教、基督教和伊斯兰教。上述宗教形态都是有神的宗教，但现代也许能兴起无神的宗教。这种宗教依然追问和回答世界和人的根本，但它认为此根本不是神，而是非神。对此禅宗可能有所作为。这在于它所信奉的佛并非神灵，而是人的本性本心。佛就是心，心就是佛。通过心的觉悟，人达到自己与世界的本源，从而解决人的生活的终极关怀问题。

与宗教的信仰不同，哲学则是思想。哲学的古希腊本意是爱智慧，亦即追求智慧。但在西方的历史上，哲学成为理性的科学。理性是人的思想建立根据的能力。科学是知识学，亦即是关于知识的系统表达。根据这样的解释，哲学就是理性的系统表达。根据理性自身的区分，它可以分为理论理性、实践理性和诗意创造理性。理论理性关涉认识的洞见，实践理性关涉意志的行为，诗意创造理性关涉于作品的制作。到了西方现代，理性哲学终结了，而转向存在的思想。现代哲学则将存在、思想和语言变成了自己的主题。

一般而言，如果说哲学是理性的科学的话，那么哲学就只是西方的，而不是中国的。这在于中国并没有与西方相同的理性的科学。但如果说哲学是关于真理的思想的话，那么哲学不仅是西方的，而且也是中国的，甚至也是全人类的。在这样的意义上，中国具有不同于西方的独特的哲学。基于这样的理由，我们可以将古典的儒家、道家和禅宗思想称为哲学。

作为追寻人与世界的真理的哲学，其核心的问题是真理。所谓真理是存在的真相，亦即如实存在。因此与此相应的思想就是如实思考，揭示存在的真理；相应的语言就是如实言说，说出存在的真理。从追问真理出发，哲学需要相应的方法。这个方法正是遵道而行，也就是依照真理之路而行。哲学的方法无非是把真理作为其自身明晰地揭示和阐释出来。

既不同于宗教信仰，也不同于哲学思考，文学艺术则是用具有生命力的符号来构建审美的形态，如小说、诗歌、戏剧、音乐、舞蹈和绘画等，从而创造出美。

一般的艺术借助于感性媒介来表达自身，其主要是色形与声音，从而诉诸人的视觉和听觉。因为色形与声音是存在于空间和时间之中的，所以它们也可以叫做为空间艺术和时间艺术；同时也因为它们是诉诸人的视觉和听觉的，所以它们也可以叫做视觉艺术和听觉艺术。当然现在的多媒体艺术已经将空间和时间、视觉和听觉有机地结合在一起，从而构造了一个综合的感性世界。

在一切艺术中，文学具有独特的地位。不同于一般艺术既用空间的物诉诸人的视觉，也用时间的物诉诸人的听觉，它是用语言来直接诉诸人的心灵。文学语言既不是一般的日常语言，也不是逻辑语言，而是诗意语言。作为一种独特的语言，诗意语言是一种创造完美真理的语言。基于这样的理由，诗歌在文学中具有独特的地位。它不仅是一种文学体裁，而且也是一种文学特性。因此它在根本上要理解为诗意和诗性。一种非诗歌的文学可能是诗意的，反而一种诗歌的文学可能是非诗意的。

文学艺术所创造的美是人的存在的最高目标，也是世界的本性的完满实现。

五、人与世界

1. 天人心

世界是人存在于其中的世界，包括了自然、社会和心灵三个不同但又相互关联的维度，从而构成了一个不可分割的整体。如果说自然可简称为天，社会可简称为人，心灵可简称为心的话，那么世界就可说成是天、人、心三者的聚集。这既不同于历史上中国的世界图形，也不同于西方的世界观念。

中国历史上的世界是天地人的世界，人生存在天地之间。与中国的世界不同，西方是天地人神的世界，人存在于天地之间且要服从神的指引。

中国和西方的世界具有明显的不同。首先，中国的三元世界缺少西方四元世界中的一个根本性的维度，亦即神或者上帝。西方的神的形态经历了历史上不同时代的演变。古希腊的神是诸神及其父王宙斯，中世纪的神是作为上帝之子的耶稣，而近代的神则是人的内在的神性，亦即理性。现代虽然发生了上帝的死亡，但人们也呼唤上帝的重新来临和救渡。与此不同，中国的世界从来就没有神和上帝。虽然它也有不同类型的神，如山神和水神，但它们并不具备独立的神格。这些神只是属于天地，正如山神是山的神，水神是水的神。神是作为这些特定存在者的一种奇异功能。其次，中国的天地也区别于西方的天地。前者的天地是自身给予的，已经存在的。天地之间的差别在于阴阳之分，天属于阳，地属于阴。后者的天地在基督教看来是上帝创造的。上帝是创造者，天地是创造物。此外天地的属性不同，天是神的领地，地是人的居所。最后，中国和西方的世界有不同的人的规定。中国强调人是天地之心，西方认为人是理性的动物。中国突出了人与天地的关系，并高扬了心的意义。心不仅能觉知人自身，而且能觉知天地万物。与此不同，西方构建了人与动物和上帝的关系，并标明了理性的意义。理性不是一般的心灵，而是能建立根据的心灵。鉴于上述差别，中国追求的是天人合一，西方追求的是人神合一。天人合一要求人在世界之中达到天地的境界，而人神合一则要求人超越天地与神合为一体。

　　与天地人的三元世界和天地人神的四元世界相比，天人心的三元世界具有自己的独特本性。首先，天地合为一体。它们虽然有所分别，但是一个密不可分的整体。同时天在根本上规定了地，地在根本上从属于天。天地不是神的创造物，而是自然的存在者。其次，人依然是世界中重要的一元。但他不再只是理解为天地之心和理性的动物，而是标画为一个独特的存在者。人不仅作为一个整体而且也作为一个个体存在着，自身建立自身的根据。最后，这个世界既没有上帝、也没有诸神，而只有心灵。心灵虽然是人的心灵，但具有自身独特的本性。它作为光明和镜子，通过思考活动能指引人在世界中的生活。

在天人心的世界中，虽然自然、社会和心灵是三个不同维度，但实际上彼此不可分离，而是共属一体，交互作用。首先，自然只有在社会中才能与人发生关联，成为人化的自然；只有被心灵照亮，才能去掉自身的遮蔽，显示出自己的本性。其次，社会必须建立在自然的基础之上，否则是无源之水，无本之木。同时社会也需要让心灵指引方向，走在一条正确的道路上。最后，心灵也需要和自然与社会建立关系。它一方面要思考自然，发现自然的规律；另一方面要思考社会，确立社会的法则。否则它是空虚的和死寂的。在这样的意义上，世界就是自然、社会和心灵亦即天人心三元的聚集。

在天人心的世界里，其最大的可能的世界是共生的世界。首先，在天人关系上，人所追求的最高境界既不是天人合一，也不是人神合一，而是天人共生。这就是说，天不是人的主人，人也不是天的主人。天促进人的生成，人也促进天的生成，天人共同生成。其次，在人我关系上，我不是他人的敌人，他人也不是我的地狱，而是人我共生。我促进他人的生成，他人也促进我的生成，人我共同生成。最后，在心物关系上，世界既不是唯物的存在，也不是唯心的存在，而是心物共生。心灵促进万物的生成，万物也促进心灵的生成。这其中也包括了心身共生。人不是身心分离，而是身心合一。

2. 人与世界

世界虽然是天人心三元的聚集，但人在其中扮演着一个极其关键性的角色。在根本上说，世界是人的世界，而不是非人的世界。正是人及其存在才能把自然、社会和心灵聚集在一起。人的存在活动使人与自然相连，让自然成为人的生活资料和生产资料，并由此成为人的生活的一部分。人的存在活动也让不同的人和人群形成了一个生命共同体，在同一个世界中共生共在。人的存在活动也让心灵获得了思考的本源和运行的方向。不仅如此，而且人的存在活动让自然、社会和心灵相互生成。

人与世界是同一个存在的两个方面。从世界来说，世界是人的世界；从人来说，人是世界的人。人们不能设想，人能没有这个世界，能不存在于这个世界之中。人与世界不可分离，始终统一在一起。也正是基于此，人们甚至不能设想，人是主体，世界是客体，构成主客体关系。人与世界首先相分离，然后通过认识和改造世界，最后再统一在一起。人在原初就是和世界合为一体的。因此人在根本上就是一个自然的人、社会的人和心灵的人。正是在自然、社会和心灵的不同维度里，人展开了自己的存在。世界是人的家园，是人的所来之处和所归之处。人是这个家园的建筑者、居住者和看守者。

人不仅已经存在于这个世界之中，而且只能存在于这个世界之中。世界是唯一的。这意味着，世界是单数，而不是复数。只有这一个世界，没有另外一个世界，更没有很多世界。在空间上说，既没有在这一个世界之下的地狱，也没有在这一个世界之上的天堂；在时间上说，既没有在这一个世界之前的前世，也没有在这一个世界之后的来世。从性质上说，既不存在一个比这个世界更好的世界，值得这个世界去向往，也不存在比这个世界更坏的世界，需要这个世界去拯救。世界的唯一性彰显了其独特性和尊贵性：它不可替代，不可选择。

既然这个世界是唯一的，那么它自身就是来源，没有另外一个来源。世界既不是上帝创造的，也不是神人开辟的，而是世界自身生成的。同时既然这个世界是唯一的，那么它自身就是目的，没有另外一个目的。人们不可能舍弃这一个世界，而到达另一领地，把它作为自己的归宿。

因为这一个世界既没有来源，也没有目的，所以人没有一个外在的根据，可以作为自己存在的基础。既然人的存在没有根据，那么他就存在于深渊之上，亦即虚无之上。他必须自身建立根据，也就是为自己建立来源和目的。

人生在世正是在这个唯一的世界里存在、思考和言说。

人的存在是在天人心的世界里展开自己。人与天地之间的自然万物打交道，种植、养殖、建造，让自然成为人生活的家园；人与他人打交道，有合作，有斗争，不仅有大爱，而且有深仇，构成了生命共同体自身的对立与统一；人与心灵打交道，从黑暗走向光明，从迷误走向觉悟，从而达到纯洁而自由的心灵。通过各种各样的活动，人完成了自己的存在。

人不仅在世界之中存在，而且思考它。虽然思想也可以只是关涉自身，只是关于自身的思考，但它在根本上是在世界中生成的，是关于世界的思考。那被思考的，正是世界的存在；那世界所存在的，正是被思考的。思想源于世界的存在并达到世界的真理。因此关于世界的思考并不同于一般所说的世界观。世界观源于观世界，亦即观看世界。观世界之所以可能，是因为能观看的人和被观看的世界相分离。一方面，人作为主体；另一方面，世界作为客体。在此分离的基础上，人去观看世界。这种观看是对于世界的设立，并因此引发对于世界的改造。世界观作为认识带有强烈的意愿，从而扭曲了世界的本性。而关于世界的思想是源于世界自身而来的沉思，由此思想把世界的本性揭示出来，同时世界的本性通过思考将自身显示出来。

人不仅思考世界，而且言说世界。虽然语言也可以只是关涉自身，只是关于自身的言说，但它在根本上是在世界中生成的，是关于世界的言说。与思想一样，语言一方面显示了世界，另一方面指引了世界。世界可以说是语言的出发点和回归地。

人与世界虽然有所分别，但在根本上是统一的，其统一的基础就是人生在世的存在活动，亦即他的生存、思考和言说。此活动一方面是人展开自己；另一方面是人创建世界。它一方面将人转化成世界，另一方面将世界转化成人。这就是人与世界的共同生成。

3. 非人与非世界及其克服

人生在世的活动虽然是人与世界的生成，但它也会成为自己的对立面：非生成和反生成。这使人成为非人，世界成为非世界。这就是说，世界不再成为人的家园，人成为无家可归的人。

人异化为非人是指人丧失了自身的本性。首先，在生活世界中，人不是自己的主人。如果人不成为自己的主人的话，那么一定有非人成为自己的主人。这可能是自然、国家和神灵。总之，这种种主人让人成为奴隶，使人不能自由发展。其次，当人成为奴隶角色的时候，他的存在活动就不是自己本性的展开，而是其本性的剥夺。由此，人的人格和身心活动就不是本己的，而是异己的。最后，人的活动所创造的产品不是对人的肯定，而是对人的否定；不是人与物的和谐共存，而是物对人的压抑和伤害。

世界异化为非世界是指世界丧失了自己的本性。在生活世界中，世界不是世界，而是成为非世界。世界内的不同存在者，或者不同的世界领域都被异化，也就是变成了疏远的、陌生的，成为与自己相反的对立面。自然遭到了破坏。天不是天，地不是地，天崩地裂。社会或者是铁板一块、死气沉沉，或者是分崩离析、一盘散沙。人与人仇恨、斗争、残杀。国家没有和平，而只有战争。心灵不是觉悟的，而是愚昧的。因此人类的精神家园是空虚的、破碎的和痛苦的。

不仅世界内的存在者是异己的，而且世界的整体也是异己的。自然、社会和心灵之间的关系不是和谐共生，而是相互对抗和破坏。因此世界不再是一个有序的整体，而是一个被打碎的碎片或者是杂乱无章的混沌。

世界的本性也是异己的。世界是人与万物的生成，因此是生命化的。但一个异己的世界的生命的本性是无生命的，甚至是反生命的。它不仅没有生命的现实，而且要扼杀生命的可能，从而阻碍任何生命的到来。

当然非生成和反生成的活动自身会导向生成活动。这就是说，非人要变成人，非世界要变成世界。这种转折虽然看起来是一种根本对立的活动，但它实际上就发生在生成之中，亦即发生在人生在世的活动之中。这在于只要人存在，世界就会存在，人生在世的活动就会不断生成。非生成和反生成只是生成活动的一种派生样式。生成在自身的活动中会克服非生成和反生成，让非生成和反生成回归到生成活动的大道之中。这意味着人在无家可归的命运中怀着乡愁去重建家园，并居住在此家园之中。

第二章

欲 望

一、何谓欲望

人在世界之中的存在既是人的生成，也是世界的生成。但人与世界的存在究竟是如何生成出来的？它本源性地表现为人在世界之中的欲望的冲动及其实现。如生的存在是生的欲望及其实现，死的存在是死的欲望及其实现，爱的存在是爱的欲望及其实现。根据这样的理解，人的存在是欲望的存在，欲望是人的存在的欲望。

人的欲望贯穿了人的整个生命活动过程。人源于欲望，经历欲望，并回归于欲望。人从性欲出发与配偶结合，诞生了子女，而自己成为父母。然后子女又各自和自己的配偶生育出子女，由此繁殖不已。可以说，每个人都是为性欲所产生，又由性欲去生产。同时每个个体也都是食欲的结果。由于饥渴，人去饮食，由此保存并扩展了生命。人能饮食就有生命，不能饮食就无生命。当人满足了自己的口腹之欲后，又会产生新的饥渴。如此循环不已。

简而言之，人生而有欲，死而无欲。

1. 欲望自身

什么是欲望自身？它是一个日常语言和哲学语言经常言说的语词。虽然欲望有许多不同的规定，但人们一般认为，其基本意义是人

論大道

从本能出发想达到某种目的。欲望最狭义的表达式为：人本能地欲望某物；其最广义的句子表达式为：人本能地和非本能地欲望某物。狭义的欲望是本能性的，而广义的欲望既包括了本能性的，也包括了非本能性的。为了确定欲望自身的意义，我们需要将狭义的欲望与几个和它相关的语词进行辨析。

欲望常常被等同为人的意愿。意愿一词的完整的句子表达为：人意愿从事某种事情。它是人的心灵的活动，具有明确的朝向某物的意向。它不仅是人计划在未来实施某种行为，而且是人喜爱或者乐意从事某种行为。与欲望相同，意愿也是人想达到某种目的。但是欲望是本能的，而意愿既可以是本能的，也可以是非本能的。同时欲望超出了心灵，落实到现实，而意愿还只是停留于尚未实现的心灵自身，是朝向某一目标的志向。

欲望不仅相关于意愿，而且相关于意志。意志一词的完整的句子表达为：人决定要去做某种事情。意志当然也是人的心灵的活动，是人的有意识的行为。它不仅是一种意愿，而且也是一种决断，亦即人决定要去实现某一目的。意志的决断建基于两方面，一方面是内在的道德律令，另一方面是外在的伦理规范。因此意志不仅是人决定要去做某种事情，而且是人必须决定要去做某种事情。与欲望和意愿一样，意志也是人要达到某种目的。但欲望是本能的，而意志是非本能的。根据道德律令和伦理规范，意志可能会去实现某一欲望，但也可能相反去控制它，甚至否定和消灭它。

欲望也常常被认为与需要和要求相关。需要和需求的语词完整的句子表达为：人需要和需求某种事情。人自身是匮乏的，缺少某种东西，因此渴求并指向某种东西。欲望与需要和需求的确存在一个共同点，即匮乏。但欲望主要是从人的身体的本能出发的，而需要和要求的出发点则既可能是身体的，也可能是非身体的。

如果就人达到某一目的而言的话，那么欲望与意愿、意志、需要和需求等具有同一性。但欲望首先是身体性的，而意愿、意志、需要和需求一般而言不是身体性的。因此欲望就与意愿、意志、需要和需求等相区分。但在人的生活世界中，欲望是意愿、意志、需要和需求的基础。即使是意志，它在根本上也都是一种肯定或者是否定欲望的意志。同时人在身体性欲望的基础上，也发展了非身体性的欲望，如物质性的、社会性的和精神性的欲望。因此欲望不断丰富和扩大了自己。根据上述分析，我们所说的欲望实际上不是小欲望，而是大欲望。它不仅包括了本能性的欲望，而且包括了非本能性的欲望。但在一般的语言运用中，狭义的和广义的欲望往往是交错混杂在一起的。

2. 欲望的正名

虽然我们对于欲望的语义做了一般的分析，但还需要消除关于它的种种误解和偏见。这些情况不仅发生在日常观念之中，而且也发生在哲学思想之中。在中西思想史上，虽然人们对于欲望的本性有各种各样的谈论，但其基调大多是否定性的，而非肯定性的。

第一，欲望只是肉体性的。提起欲望，人们一般直接就会想到肉体的需要。人的基本欲望如食欲、性欲等都是肉体性的欲望，是肉体的机能与活动。但人们对于肉体一向都有错误的认识和负面的看法。在身心二元论的框架内，身体是无心灵的肉体，而心灵则是无肉体的心灵。这一理论不仅分割了肉体和心灵，而且将心灵与肉体完全对立。心灵是纯洁的，肉体是肮脏的。由肉体出发的欲望也是邪恶的、可耻的。正是基于这样的理由，人们要克制欲望，乃至要泯灭欲望。

第二，欲望只是消费性的。欲望起源于人的欠缺并需要所欲物来填充。于是欲望的实现过程就是对于所欲物的获得和攫取甚至消灭的过程。如食欲是对于食物的消耗，性欲是对于他人的身体的拥有和自身生命力量的发泄。欲望的实现不仅会消费物，而且会消费人。在消费所欲物的同时，欲望者自身也在被消费。在消费意义上的欲望只是占有和利用，不仅会给个人带来了负担，而且给社会制造了危机。为了减轻负担和避免危机，人们力图限制欲望的冲动。

第三，欲望只是私人性的。所谓欲望总是每一个人的欲望，相对于大众的需要。既然欲望是私人性的，那么它就具有唯我性。它往往是秘密的，只能让欲望者自己意识，而不可让他人知晓。如果作为隐私的欲望被公开的话，那么人将会感到羞耻。同时个人的欲望的唯我性具有排他性。我的欲望不是你的欲望，你的欲望不是我的欲望。但是我与你的欲望都会指向一共同的所欲物。为了争夺同一个所欲物，如异性和财产，人们会引发矛盾和冲突。因此私人的欲望在公共生活中是不被肯定和接受的。

第四，欲望只是贪婪性的。人不是只有一种欲望，而是有很多的欲望。同时人在满足了一种欲望之后，还要重新满足它。由此而来，欲望不是有限的，而是无限的。当欲望不被调节时，它就不是适度的，而是成为贪婪的。贪欲往往是罪恶的渊薮，导致人不仅会侵犯他物，而且也会侵犯他人。

上述种种关于欲望的误解和偏见阻碍了人们正确认识欲望自身真正的本性。因此我们必须抛弃它们，从欲望自身出发将其本性揭示出来。其实欲望不仅有身体性的，而且也有心灵性的；不仅有消费性的，而且也有创造性的；不仅有私人性的，而且也有公共性的；不仅有贪婪性的，而且也有适度性的，如此等等。

二、欲望的结构与生成

1. 欲望的结构

欲望既不只是人的某种属性，也不只是人的某种状态，而是作为人的一种基本的存在活动。因此它表现为：人在欲望某物，人去欲望某物。于是在欲望的现象中存在两个基本的要素，即欲望者和所欲物。但无论是欲望者还是所欲物，它们都是在欲望的活动中形成自身的。我们依次分析欲望者、所欲物和欲望活动。

欲望者是谁？它就是那个有欲望的存在者。它在此当然不是指其他什么物，如矿物、植物和动物之类，而是专指一个特别的物，即人本身。

其实不仅人有其欲望，而且动物也有其欲望。但人与动物的欲望根本不同，因此我们需要对于他们加以明晰的区分。动物不仅有它的欲望，而且就是它的欲望。这就是说，它除了欲望之外，什么也没有。它甚至不能意识到它的欲望，而只是保持和它自身欲望的同一。动物的活动就是欲望的活动，如它要吃喝，它要交配。它从生到死基本上是满足吃喝交配的本能活动。

与动物不同，人与欲望包含了更为复杂的关系。一方面，人是欲望，这就是说，人与欲望合一；另一方面，人有欲望，这就是说，人与欲望分离。

人是欲望。这意味着什么？这表明人的存在活动等同于他的欲望的活动，人的欲望活动等同于他的存在活动。为何如此？在生活世界中，人是一个特别的存在者。与其他存在者不同，他是一个有意识的生命存在者。人的生命是一个生长与生成的过程。人存在着，不是永远保持和自己的同一，如同石头一样，而是要保存并展开自己的生活。他既要生成自己，也要生成世界。这个生成的过程是从无到有，从旧到新，从有限到无限。人始终要成为他尚未是的存在者和将要是的存在者。因此人的存在是自身不断否定的过程。通过如此，他与已是的存在相分离，而要成为所不是的存在。他要把不是的存在变成已是的存在，并把他物和他人的存在变成自己的存在。人的存在是超出自己有限的存在而指向世界无限的存在。他要整个世界，要天下万物。总之人作为一个自我而渴求无限的他者。这样一个自我指向并占有他者的生成活动就是欲望。

因此欲望是人的存在最原初的活动。人本身并非是无欲望的，如同那些无生命的存在者一样，也不是完全能够克制和消灭欲望的，如宋明理学所主张的"存天理，灭人欲"那样，而是要表达并实现自己的欲望。当然人的欲望与动物的欲望有根本性的不同。动物不能意识到它的欲望，人则能意识到他的欲望。人在欲望的时候，他知道自己是一个在欲望的存在者。

作为人的存在的原初活动，欲望自身无所谓善恶。它是一个事实，是如此存在的，也是必须如此存在的。它既非善，也非恶，而是非善非恶，是超越善恶之外的。只是当欲望成为可能有利于他人或者加害于他人的时候，它才可能成为或善的或恶的。欲望的善恶特性完全是在人的生活世界中被规定并被划分的。

虽然人是欲望，人的活动是欲望的活动，但当人意识到自己在欲望的时候，他就开始与欲望相分离，从"人是欲望"转变到"人有欲望"。"人有欲望"意味着，人不再简单地等同于欲望，人的活动也不只是单一性的欲望的活动。人在拥有欲望的活动的同时还拥有其他的活动。人既可能有他的欲望，也可能没有他的欲望；既可能控制他的欲望，也可能无法控制他的欲望。

事实上，人具有作为欲望者和拥有欲望者的两重身份。当人是作为欲望者的时候，他被欲望所规定；当人是拥有欲望者的时候，欲望被他所规定。人与欲望的关系经历了三个步骤：首先，人是欲望。他与欲望保持无差别的同一。但在这个同一之中已经出现差异，亦即人意识到自我并要走向他者。其次，从人是欲望到人有欲望。人开始与欲望进行区分，并确定欲望的边界。欲望不再是完全等同于人的活动，而只是人诸多活动中的一种。最后，从人有欲望回复到人是欲望。人全部存在活动投入到欲望的渴求之中，实现和满足它。在作为欲望者和拥有欲望者的两重身份的变化中，人丰富和发展了自己人性的规定性。他不仅是一个欲望的人，而且也是一个超出了欲望的人。

与欲望者是人不同，所欲物可能是人，也可能是物。物就其自身而言，虽相互关联，但大多自在自为，自生自灭。它既不是一个针对人的欲望者，也不是一个被人所针对的所欲物。只是当它为欲望者的欲望所驱使时，它才与欲望者的欲望建立关系，并变成了所欲物。所欲物由此失去了自身存在的独立性，而为人的欲望所渴求和满足。在这样一个过程中，所欲物由自在之物变成了为它之物，亦即为人之物。它作为一个他者进入到欲望者自身。

为何一个物能够成为欲望者的所欲物？这在于它自身具有一种有

用性。就其自身而言，物本来是一个与人无关的存在者，无所谓有用还是无用。但当它与欲望者的欲望发生关联时，就具有了有用和无用的不同特性。凡是能为欲望者所用并利于其存在与发展的物，就是有用的；相反就是无用的。物因为其对于欲望者的有用性而成为所欲物。于是所欲物成为手段，而欲望者成为目的。所欲物服务于欲望者，并在欲望的实现过程中消耗自身，一直到最后甚至完全消失。

所欲物包括了许多种类。自然的存在者，如矿物、植物和动物，不仅可以满足人的肉体的需要，而且可以满足人的心灵的需要。社会性的存在者，如人以及人的创造物，也能成为人的不同方面的所欲物。此外精神性的存在者也能填充人的灵魂的渴求。

虽然所欲物看起来是他者，亦即他人、他物，但实际上它最后依然是人的自我自身。这在于他人和他物之所以成为所欲物，是因为他们被欲望者的欲望所意欲和构造出来的。同时，他人和他物在欲望者的欲望过程中会成为欲望者有机的一部分。最后，在他人和他物的帮助下，欲望者的自我不仅得到保持，而且得到扩展。在这样的意义上，欲望者的所欲物只是作为他者的自我和作为自我的他者。所谓作为他者的自我是指自我将自身转化为他者；所谓作为自我的他者是指他者转化为自我。因此欲望者在欲望他者的同时也在欲望自我。

欲望者对于所欲物的占有就构成了欲望活动自身。欲望活动并不外在于欲望者和所欲物，而就是它们形成自身的过程。在此过程中，欲望者成为欲望者，所欲物成为所欲物。一方面，欲望者占有所欲物；另一方面，所欲物被欲望者所占有。欲望就是占有与被占有的过程。

2. 欲望的生成

在对欲望者和所欲物的分别描述中，我们已经看到了它们之间不可分割的内在关系。欲望者之所以去占有，是因为有所欲物的存在。当然所欲物之所以存在，是因为有欲望者的占有。欲望者与所欲物建立了一种独特的欲望关系。在这种关系中，人和物相互作用。一方面，人朝向一个物，把物变成所欲物；另一方面，物也刺激人，使人成为欲望者。因此不仅物因为人成为一个所欲物，而且人也会因为物成为一个欲望者。欲望的过程展现为一个欲望者和所欲物双向的互动的路线。一方面是从欲望者走向所欲物，另一方面是从所欲物回到欲望者。当人被欲望所袭击时，他就要去满足它；当人被所欲物所激动时，他就要去占有它；当人实现了他的欲望时，他会心满意足，踌躇满志；当人没有完成他的欲望时，他将身心痛苦、抑郁或者愤怒。此外人要消灭那些阻碍或争夺他的所欲物的敌人。人要在满足了一次欲望之后还要满足他新的欲望，总之，欲望无边，欲壑难填。欲望是一个无尽的链条，一个永恒回复的圆圈。

那么在欲望者和所欲物共同生成的过程中，究竟发生了什么？这里所发生的事情无他，而只是欲望成为生命的创造。

欲望看起来好像是欠缺，但实际上是生命的丰盈的表现。一个没有欲望的人既没有生命的丰盈，也没有生命的欠缺；一个有强大欲望的人既有生命的丰盈，也有生命的欠缺。生命的丰盈导致了人自身的欠缺，正如一棵勃勃生机的树木需要丰富的营养一样。因此丰盈和欠缺是欲望的同一本性的两个方面。人们可以说，欲望是丰盈的欠缺，或者是欠缺的丰盈。

欲望丰盈的欠缺并非是消极的，而是积极的，甚至比一切积极的现象还要积极。这在于它是一种原始的动力。人正是从欠缺出发去建设他的生活，通过消费所欲物而丰富自己。因此欲望不仅只是消费，而且也是创造。欲望作为一种内在的驱力，既是人自身生命力的源泉之一，也是人的世界不断生成的基本要素之一。所谓的人自身的生产和物质的生产便是这种创造性的明证。在欲望的生成过程中，欲望者成为一个创造者。他创造了所欲物。但同时所欲物也成为创造者，也创造了欲望者。实际上欲望者和所欲物相互成为创造者和创造物。

三、欲望的种类

既然欲望作为人的存在之欲，那么人的存在的形态与样式有多少种，人的欲望就有多少种。人的存在本身是复杂多样的，因此欲望也是复杂多样的。人不是只有一种欲望，而是有很多欲望。根据欲望者渴求的所欲物的形态，欲望大致可依次分为本能性的、物质性的、社会性的和精神性的。

1.本能性的欲望

1.1 身体的本能

虽然欲望有很多种类，但它首先是身体性的。这在于人本源性地是身体性的存在者并同时具有身体性的欲望。只要人具有身体，那么他始终就有欲望。欲望是身体的基本规定，也是作为身体性的人的存在的基本规定。人的身体不仅是存在的，而且是生长的。与此相应，身体的欲望不仅是存在的，而且是生长的。身体总是在欲望，总是要欲望。

人的身体的欲望实际上是人的本能。何谓本能？它是人本来就具有的能力，是无需学习和培养的，如吃喝、睡眠、呼喊、行走等。人的身体的存在与变化过程包括了生老病死，其基本本能就是生本能和死本能。它们虽然只是人的两种基本的本能，但却在根本上规定了人的身体的一切欲望。

就人的生本能而言，它是人生存的欲望。人要存在，这就是说，人要活着并且要延续下去。这决定了人主要有两大基本本能或身体的欲望：食欲和性欲。食欲是为了活着。性欲是为了延续。中国古人一向认为，饮食男女是人之大欲。它们之所以是大欲，是因为它们先于生活其他方面的欲望，并且是其基础。只有当食欲和性欲得到满足之后，人才可以渴求其他的欲望。如果食欲和性欲不能得到实现的话，那么人的生命和其他的欲望也就不能实现了。

1.2 食欲

食欲是人对于食物的欲望。人身体性存在的最直接的欲望是活着而不至于死亡，要发育和成长。但人活着不能只是依靠自身，而是要依靠人之外的他者。这些构成了人活着的必要和充分的条件。其中如空间、空气、阳光等是自然可以给人满足的条件；如吃饭、睡觉、穿衣等是人给自己满足的条件。只有当人完全满足这些条件的时候，他

論大道

才能活着。如果其中任何一种条件没有实现或者缺失的话，那么人的生命就会有面临死亡的危险。

在所有这些满足生命存在的条件中，吃饭毫无疑问是最重要的、最优先的。在一般情况下，自然能满足的条件是无需特别考虑的，这在于它们是已经存在的。同时人为要满足的条件如睡觉和穿衣并不如同满足饥饿那样迫切。人的身体在夜晚或者在疲倦和困顿的情况下会自动进入睡眠；人在不同季节所穿的衣服也具有一定长度的时效性。但与这些情形不同，饥饿却是人的身体每天定时发生的。长期的饥饿会使人衰弱无力、生病直至死亡。在这样的意义上，满足饥饿的吃饭行为是人最原初的和最重要的欲望活动。如果饮食需要没有得到满足的话，那么人将失去生命力，而只有饥饿的感觉。他的全部活动都是在为饮食而操劳和操心，而完全可以不考虑生活其他方面的需要。虽然他也许面临生活中的许多方面的问题，但他所唯一考虑的是当前如何吃饱的事情。

身体对于食物的欲望直接表现为饥渴。它打破了人自身自在自足的状态，并显现为不安和焦虑的症候，如口干舌燥、心慌意乱、饥肠辘辘和四肢乏力等。饥渴直接驱使人要吃和要喝。人的吃喝行为既是一种状态，也是一种意向。它直接朝向食物。但此时食物不在身体之内，而在身体之外。它可能与人的身体存在一定的距离，也可能是根本不在场的，是缺席的。此外物变成食物需要一个加工过程，同时某一食物变成某一人的身体的食物也需要一个转换的过程。食欲的满足过程是吃的行为自身，是嘴唇、牙齿和肠胃的运动。吃将身外的食物变成身内的食物。当吃完了，人的食欲也就满足了，从而就不再渴求食物了。食物填充了人的身体，使之获得了能量，也就维系了生命。人的气血变得充足，肌肉变得丰满，骨骼变得强壮。

　　既然身体是靠食物的营养而成长的，那么食物就会塑造并改变人的身体。人的食物，无论是植物还是动物，都是依赖天地万物而生长的。它们吸纳了土地的养分，接收了阳光雨露的精华，熏染了万物的气味和芳香。因此任何一种食物都不是自身孤立的存在，而是天地万物的聚集。食物进入人的身体，实际上也是天地万物进入人的身体。但每一地方的天地万物是有差异的，因此其食物的特性也是不同的。人们说，一方水土养一方人。所谓一方水土是指一个地方水土上所生长的植物和动物。它们养育了这一地方的人们，并让它们和这一地方的天地万物具有了类似的特性。

　　就食物自身而言，人们一般可以将它分为素食和肉食。所谓素食是指一切植物性的食物，而肉食是指一切动物性的食物。但传统上人们对于食物还有更严格的分类，如所谓的荤腥。荤食指某些带有强烈气味和刺激性的植物，如葱蒜之类。腥食则是指一切动物性的食物，如肉、鱼和蛋等。中国古代思想认为，素食者和肉食者之间有着巨大的差别：食肉者勇，食谷者智。前者勇而有力，后者智而多能。当然人与食物的关系是双向的。一方面，人吃什么，他就是什么；另一方面，人是什么，他就吃什么。勇敢者食肉，智慧者食素。

　　根据食物的历史，人既是素食者，也是肉食者。人类既采集又狩猎，既种植也养殖。但是对于人是否应该成为素食者和肉食者，历史和现实却存在激烈的争论。一些宗教如佛教和道教就有禁止食用荤腥的戒律，现在的绿色环保组织也极力主张人们素食。素食者基于如下的理由。首先，素食意味着不杀生。人食用植物性的食材，而非动物性的食材，这样就避免了屠杀动物，不让动物成为人的口中之物。这强调了生命平等，不仅尊重人的生命，而且也尊重动物的生命。其次，素食可以实现环保。食肉必然要大量养殖动物，而动物会消耗大量的植物和水，而引发生态危机。相反食素则无需饲养动物作为食材，可以克服这一并非必然的困境。再次，素食利于人的身体。肉食不易消化，导致气滞血瘀。相反素食容易消化，促进气血畅通，从而保护人的健康，减少人的疾病。最后，素食提高人的心智。食肉容易使人欲望膨胀，相反食素让人安宁、虚静，容易生发智慧。

1.3 性欲

与食欲相比，性欲具有根本不同的特性。它不再是个体存在的需要，而是种族繁衍的需要。人作为个体的生命是要死亡的并因此有限的，但作为种族的生命却要维系下去。一个要死的人如何传宗接代，保证种族的繁衍？这里只有一种唯一的方式，即通过生殖而繁衍。但任何个人都无法无性繁殖，只是在自身的身体之内完成这样的使命，而必须借助于男女交媾，与异性合作而生产后代。因此生殖成为性欲最原初的意义。

性的欲望也表现为性的饥饿和渴求。尽管人在童年时代就有天生的和朦胧的性意识和欲望，但真正的性冲动发端于人的性成熟，亦即人的第二性征形成的时候。性成熟不仅是人的身体发育外在特征的凸显，如男性生长胡须，女性发育胸部，而且是人的生育器官和机能的完满，即男人能排出精子和女人能排出卵子。精子和卵子既是一个成人的结果，也是一个婴儿的开端。因此性欲作为人自身生殖的欲望是一个已有的人生育出未有的人的活动。

人的性欲所欲望的既不是一自然之物，也不是一人工制造之物，而是一个人。这样在性欲中主要不是人与物的关系，而是人和人的关系。但这个人不是一个作为同性的人，而是作为一个与自身性别相异的人，亦即与男人不同的女人或者与女人不同的男人。一般的性行为都产生在异性之间，极少数产生于同性之间，即男与男、女与女。与异性恋一样，同性恋也是自古以来就存在的事情。它过去被认为是罪恶的和可耻的，但现代逐渐得到了理解和宽容，甚至获得了法律上的许可。同性的性行为之所以可能，是因为他们的性别改变了自身，如男性成为女性，或者女性成为男性。这种改变既有生理上的原因，也有生活和心理上的原因。在异性和同性之外，还存在少数的双性关系。这种人既是同性恋者，也是异性恋者。尽管现实中有这些性关系的多样形态，但异性关系始终是占主导性的。

但什么样人能够成为人自身的性伴侣，却受制于外在和内在的条件的规定，如年龄、相貌、身份、人格、气质等。这些形成了综合的性魅力，能吸引对方或者被对方所吸引。这种吸引不是单方面的要求，而是双方面共同的心愿。婚姻作为一种契约，是对于男女关系的法律保护。人们只能在婚姻内发生性行为，而不能在婚姻外发生性行为。但它也意味着，人只能对于自己的伴侣产生并实现性的欲望。

在性欲的关系结构中，欲望者是人，所欲物也是人。这使欲望者和所欲物各自都具有两重身份。这就是说，一方面，欲望者既欲望他的所欲物，也被他的所欲物所欲望，因此欲望者同时也是所欲物。另一方面，所欲物既被欲望者所欲望，也欲望他的欲望者，因此所欲物同时也是欲望者。这意味着，在性欲中的男女关系既不是主体和客体的关系，也不是主动和被动的关系，而是一种不可分离和共同生成的伴侣关系。欲望者和所欲物之间既非是同一的，也非是对立的，而是互补的。男性需要女性补充，女性也需要男性补充。它们彼此填充了对方的空缺部分。同时他们也是互动的。性欲的实现并非单方的行为，而是双方的行为。缺少两性之间的任何一方，其中的另外一方男女就无法实现性欲。男性作用于女性，而女性也反作用于男性。或者女性作用于男性，而男性也反作用于女性。在这样一个互动的过程中，男女形成了一个同一体。男人成为女人的一半，女人也成为男人的一半。他们是具有差异的亲密的一对。虽然你我差异犹在，但亲密导致了你中有我，我中有你。

性欲是人的一种特别的欲望。它的欲望者和所欲物不是人与物的关系，而是人与人的关系。但它不是一种一般的人与人的关系，而是一种特别的人与人的关系，是自己的身体与他人的身体的关系。性欲不是人的身体的一般行为，如大脑的心理活动和口舌的语言活动，而是身体中的肉体赤裸裸的活动。它所发生的场所直接就是人的躯体和四肢，是感觉器官，尤其是性器官或者是生殖器官。以肉体为中心的性欲不仅指狭义的性行为，即交媾，也指广义的性行为，如拥抱、接吻、爱抚等。性行为的完成是性欲的满足，但男女的身体依然存在，由此潜伏着新的性欲。

1.4 生与死本能

食欲和性欲构成了人的生本能的主要内容。但除了有生本能之外，人还有死本能。如果说生本能是一种创造性的本能的话，那么死本能则是一种毁灭性的本能。死亡是生命的根本特性。没有生命，就没有死亡；有了生命，就会有死亡。死亡给予了生命的限度，使其成为唯一的和不可重复的事实。人的死本能实际上是生本能的另外一面。

死本能包括了自残和自杀。自残是人要伤害自己的生命，自杀是人要结束自己的生命。人之所以要自残，是因为他的生命受到了打击和挫折，或者犯了过错而惩罚自己。人之所以要自杀，是因为他的生命的延续是一种痛苦、耻辱，没有任何意义。

死本能不仅针对自己，而且针对他人。他残是人要伤害他人的生命，他杀是人要结束他人的生命。施加于他人的死亡行为既有个人的斗殴或者谋杀，也有群体的战争。这些事情大多来源于人们实现生本能时的矛盾和抗争。对于人最原初的区分就是，谁是食物的分享者，或者是争夺者？谁是性的伴侣，或者是敌人？当出现食物的争夺者或者性的敌人的时候，人们出于生本能要维护自己的分享者和伴侣，而出于死本能要消灭那些争夺者和敌人。

生本能和死本能等人的身体的基本本能看起来只是身体的，但它实际上已经包括了许多非身体的因素。如食物的生产、分配、交换和消费就是一个社会问题。由性欲的实现所导致的生殖不仅相关于个人与家庭，而且也相关于社会与国家。于是由身体性的欲望便产生了很多非身体性的欲望，如物质性的、社会性的和精神性的欲望等。但它们一般表现出和身体没有直接的关联，而只有间接的关联。

2. 物质性的欲望

2.1 身内身外之物

人的物质性的欲望也就是一般所说的物欲，是人力图去占有物质。

人的身体性的存在包括了肉体和灵魂。其肉体自身直接就是物质性的存在，由骨头、肌肉和毛发所构成。其灵魂虽然是非物质性的，但也是物质性的大脑的特殊机能。这决定了人的肉体的欲望在根本上是物质性的欲望，并且给非物质性的欲望提供了不可缺失的基础。但人的身体的物质性的欲望并非是同一的，而是有差异的。我们可以简单地将它们区分为身体之内的物质欲望和身体之外的物质欲望。

所谓身体之内的物质欲望直接源于肉体自身内在的需要，而所欲物也直接进入到身体内部。这种欲望其实就是我们已经讨论过的食欲和性欲，其活动是直接在身体之内发生的。在食欲的满足过程中，食物是物质性的。它进入口腔，穿过食道，到达肠胃。在性欲的满足过程中，伴侣也是物质性的，只不过是一种特殊的物质即肉体。通过性器官，男女完成了肉体的交媾。这些食欲和性欲的所欲物进入到作为欲望者的人的身体，并成为其中的一部分，直接和间接地改变了其自身。

所谓身体之外的物质欲望虽然也源于肉体自身内在的需要，但所欲物并不直接进入到身体内部。除了食欲和性欲之外，人的身体还有很多其他的欲望。人欲望保护自己的肉体，怕寒怕热。这就需要穿衣服，用来包裹自己，抵御寒冷和避免阳光的暴晒。人欲望一个安全的空间，遮挡风雨，防止野兽和敌人的伤害。这就需要住房，无论是茅棚还是高楼大厦。人欲望行走，从一个地方到达另一个地方。这就需要道路和交通工具，无论是马车、汽车、轮船，还是喷气式飞机，如此等等。

这样一种外在于身体的物质性的欲望既然也是从身体出发的，那么它就并没有脱离身体，而完全与身体无关，相反它始终是以身体为中心的，并围绕着这一中心而不断向外增补。身体之外的物质性欲望实际上是身体自身欲望的延伸、扩大和展开。与此相应的所欲物不再是一个进入人的身体的物，而只是一个外在于身体的物，如衣服、房子和车子。但是一旦离开了人的身体，那么这些物则没有任何意义。它们存在的价值都是被身体所占有和利用。

2.2 生活与生产资料

物质性的欲望者是物质性的人，所欲物也相应地是物质性的物。物在此成为欲望者和所欲物的根本规定。就其存在本性而言，一个物是物质性的，而不是精神性的。一个作为物的欲望者也只有通过一个作为物的所欲物来充实和满足。但是这里的物并非一般的物，而是作为物资的物。物资当然也是物质，但它不是一般与人没有任何关系的物质，而是能够资助人的存在欲望的物质。因此物资作为一种特别的物质，是一种物质性的资源。一方面，人的身体欲望这种物；另一方面，这种物满足人的欲望。在欲望的过程中，物资不是以自身存在为目的，而是以服务于人类的欲望为目的，只是成为手段和工具。作为所欲物的物的存在不是一般意义的存在，而是被拥有，被占有。而拥有者和占有者正是作为欲望者的人。

作为所欲物，物主要包括两种，一种是自然性的，另一种是人工性的。前者是自然自身直接给予的物质材料，后者是人类通过加工改造自然而生产出来的物质产品。

就自然性的所欲物而言，它既可能保持其自身的存在，也可能为人所占有并消费。但实际上能成为所欲物的是那些和人的身体的欲望不可分离的物质，如阳光、空气和水。阳光给人带来光明和温暖；空气让人呼吸，吐故纳新，推动气血的新陈代谢；水满足肉体的渴求并能清洁人的肉体。阳光、空气和水虽然都是自然赋予的，无需人类劳作的，但是现在却成为一个问题。由于雾霾人们见不到阳光，或者由

論大道

于建筑不当人们无法享受阳光；大气污染导致人们不能呼吸新鲜的空气；工业和农业的废弃物破坏了水资源，人们既不能饮用，也不能游泳。这些自然性的所欲物已被人工破坏，实际上成为人的非所欲物。这就要求人工努力消除这种对于自然物的破坏而恢复其本性，使之成为人的所欲物。

就人工性的所欲物而言，它既指那些对自然加工的产品，也指那些非自然的人工制作的产品。虽然人的物质性的欲望的种类很多，但其所欲物主要是生活资料和生产资料。

生活资料是满足人的一般生活欲望的所欲物。人的生活大致可分为生存、发展和享受等几个方面。根据这样的情形，生活资料可相应地分为生存资料、发展资料和享受资料等。

生存资料是解决人的基本生存需要的所欲物，如衣食住行等方面的用品。人作为身体性的存在，一个直接的欲望就是活着，亦即需要一些基本的物质资料维系其生命。除了食物充饥之外，人还需要其他必备的物质资料。人要遮身，要居住，要行走，如此等等。基于这样的基本的欲望，人就需要衣服、房子和交通工具。与此同时，人因为内在和外在的原因会生发疾病，会破坏健康并会面临死亡的危险。人需求药物的帮助以治疗疾病而恢复健康，从而保持生命正常的状态。此外人也要有必要的安全的设施，保障其自身免受野兽和敌人的攻击。由此他也需求武器等来防身和攻击。

人不仅要活着，如同动物那样，而且要在活着的基础上发展自己。所谓发展是人将自身的存在变得更大、更高、更远、也更好。具体而言，人的发展主要是人自身的身心的改变。人要有更强壮的体魄、更丰富的心灵。当人要发展自己的时候，他就需要发展资料，提升自己的身体和心灵。人自身的发展是通过不同形态的教育而实现的。所谓教育是人的人性的培育，是让人成为一个更加完美的人。体育、智育、德育和美育等是关于人的发展的基本活动。

在发展的基础上，人开始享受。人既不再需要一般生存的满足，也不再需要一般生存的发展，而是需要享受自己的生活。这种欲望是在人的基本欲望之上的欲望，是在渴求之外的品尝和鉴赏。它既是对于所欲物的品尝，也是对于欲望者自身欲望的品尝。在品尝之中，有区分、有判断，有新的生长的欲望。人所欲望的不再只是好的，甚至不再只是更好的，而是最好的。它是一个完满者，是一个达到其本性最大可能的存在者。作为享受资料，它一方面是显示其自身最完美的特性，另一方面是满足人最完美的欲望。在日常生活领域，奢侈品超出基本生存的必需；在非日常生活领域，艺术品是非功利性的和超功利性的。对于人们基本欲望而言，它们是多余品，甚至是无用物。但是它们能够满足人身心最大可能的享受的需要。

但人不仅需要生活资料，而且也需要生产资料。生活资料作为所欲物是满足欲望者消费的产品。但产品不是自然现成的，而是通过人的生产获得的。因此先有生产资料，才有生活资料。生产资料生产了生活资料。比起生活资料，生产资料更加重要。正如人们所说，授人以鱼，不如授人以渔。鱼作为食物是一种生活资料，渔作为捕捞鱼的工具和方法包括了一种生产资料及运用。显然在一定条件下捕获的鱼是会穷尽的，而掌握了捕鱼技术的活动则会获得无穷无尽的鱼。在这样的意义上，相对于生活资料的有限性，生产资料具有生产生活资料的无限性。

生产资料是劳动者在生产过程中需要使用的资源和工具。农业有它的生产资料，如土地、耕牛、种子、肥料、农药等；工业也有它的生产资料，如厂房、机器设备和原料等。如果说生活资料的欲望源于人的身体直接的需要的话，那么生产资料的欲望则远离人的身体的直接需要。它主要表现的不是物与人的关系，而是物与物的关系，如工具与原料的关系。尽管这样，关于生产资料的欲望也是关于生活资料欲望的直接衍生。如果生产资料不生产生活资料的话，那么人们则没有关于它的欲望。人们之所以欲望生产资料，是因为它能直接或者间接地生产生活资料，从而满足人的生活的欲望。生产资料作为所欲者虽然并不直接被欲望者的身体所消费，但却被他所占有而成为他自己的财产。占有者可能是个人，也可能是群体。这就形成了不同的所有制，如私有制和公有制等。在对于生产资料的欲望过程中，欲望者和所欲物的关系是一种占有与被占有的关系。

2.3 人作为特别的物

除了作为生活资料和生产资料的物之外，还有一个特别的物，亦即人，或者人物。人本来是一个人，而不是一般的物，如石头和植物等，甚至也不是一般的动物。但是在欲望活动中，当人作为所欲物被欲望者所欲望时，他就单一化和极端化为一个物，成为一个会说话的动物或者一个会说话的机器。作为欲望者的人和作为所欲物的人形成了主人和奴隶的关系。主人是独立的和自主的，奴隶是依赖的和顺从的。主人命令奴隶，奴隶服务主人。主人和奴隶的关系可能出现两种形态。一种是奴隶直接满足主人的欲望。奴隶为主人提供不同形态的体力和智力的劳动，其中最主要的是身体的服务，如交媾、按摩、陪伴、护理、伺候等。另一种是奴隶间接满足主人的欲望。奴隶不直接与主人打交道，而是与主人所占有的物打交道。通过从事生活资料和生产资料的生产，奴隶为主人提供所欲物。

在历史上，欲望者和所欲物的主奴关系的形成主要是依靠暴力、权力和被迫的买卖。作为欲望者的人欲望成为一个主人，但作为所欲物的人并不欲望成为一个奴隶。这就是说，所欲物并不欲望成为一个所欲物。作为一个奴隶，人是痛苦的并因此去反抗主人，而力图获得自身的独立自主。

但在现代社会，欲望者的人和所欲物人不再构成主奴关系，而是一个自由人与另一个自由人的关系。这一关系的确立完全是依赖于自由人之间的约定。根据契约，一方成为欲望者，另一方成为所欲物。只是在此约定的范围内，如一定时间、地点和条件，所欲物作为一种特别的物，亦即人力资源，为欲望者提供体力和智力的劳动。所欲物作为一个人并非在整体上成为一个物，而只是在单面上成为一个物。所欲物并不畏惧欲望者并憎恨他，相反可能在服务中感到快乐。

2.4 金钱

在人的物质性的欲望中，其所欲物除了一般的生活和生产资料以及人自身之外，还有货币（金钱）。货币虽然也是物，但是一种特别的物。它自身可能是具有一定价值的财产，如金子和银子等贵重金属；它也可能只是作为财产的符号，如纸币和电子货币，虽然并不具备一定的价值，但能代表一元或者一百元。货币不仅是一种特别的物，而且是一种特殊的商品。它能储藏财产价值、作为记账单位和充当交易媒介，在物资和服务交换中代表等价物。金钱可以说是财富的代名词，金钱欲也可称为是物欲或者财欲的最典型形态。

在当今市场经济的时代里，金钱的欲望成为人们的第一欲望和最强烈的欲望。这在于金钱在市场里是万能的，是欲望者占有所欲物的无碍的通行证。但是金钱的欲望并非是人的最原初的欲望。人最初需要生活资料，然后需要生产资料，而不是金钱。这在于金钱自身既非生活资料，也非生产资料，不能直接满足人的身体性的需要。但是金钱的神奇之处在于，它能购买一切生活资料和生产资料，从而满足人们一切可能的欲望。

人作为欲望者欲望金钱。除了继承遗产和获得馈赠之外，人必须自己亲自去挣钱。但是人并不能直接获得金钱，而是通过生产财富而间接获得金钱。人们所拥有的财富并非是为了满足自己生活的需要，而是为了去换取金钱。除此之外，人也可以直接出卖自己的体力和智力，为他人生产财富，由他人支付报酬而获得金钱。当人拥有金钱之后，他既可以购买自己所需的物品。也可以让其剩余的部分成为增值的手段。这种能生钱的钱就是资本。它能让人们获得更多的金钱，也获得更多的所欲物。

金钱自身作为所欲物并不直接服务于人的欲望，而是作为一个中介去购买满足人的所欲物。没有这个中介，欲望者就不可能获得所欲物。在这个意义上，没有金钱，欲望的实现是万万不可能的。因此金钱能把一切非所欲物转化成所欲物。也正是在这个意义上，金钱是万能的。金钱的万能不仅意味着能满足人的所有可能的欲望，而且意味着能将不可能实现的欲望变成可能实现的欲望。它能让假的变成真的，恶的变成善的，丑的变成美的；同时它也能让真的变成假的，善的变成恶的，美的变成丑的。

虽然人的物质性的欲望具有种种形态，但其核心是人作为一个物质性的欲望者让物质性的物成为所欲物。通过人对于物的占有和消费，自然之物变成人类之物，他人之物变成属我之物，由此人的欲望得到了满足。在这个过程中，一方面是物的存在转变成了人的存在，另一方面是人的存在转变成了物的存在。由于这种转变，人与物是等值的。物的增殖是人的增值，反之物的贬值也是人的贬值。物的价值便成为人的价值的明证。

3. 社会性的欲望

在物质性的欲望的基础上，人发展了社会性的欲望。如果说物质性的欲望可以简称为物欲的话，那么社会性的欲望可以简称为人欲。在这种欲望中，欲望者凸显的是作为社会性的人，而所欲物只是限定为社会性的人。它是一个社会性的人对于另外一个社会性的人的欲望，而其实现也是在人与人之间的社会性的交往之中。

在人的社会性欲望中，首先是尊重。它是人对于自己的存在和对于他人的存在的双重承认。其次是权力。它是人对于他人的控制或者要求他人被控制。最后是爱。它是人给予他人和被他人所给予。

3.1 尊重

人的尊严的需要在于人存在于世界之中。人不仅是个体性的存在，而且也是社会性的存在，他不可能切断所有社会关系而孤独地生活。在社会中，每个人都具有自身独特的人格。所谓人格是人的存在的规定性，以此一个人成为自我并区分于他者。一个人虽然作为一个人存在，但他有可能具有人格，也有可能丧失人格。同时一个人也许会具有双面或者多面人格，甚至具有分裂和矛盾的人格。这就会形成人格自身的否定。尽管这样，一个人的人格是其在社会之中的身份证，是其基本的角色和定位。它具有其唯一性，既是不可替代的，也是不可重复的。这奠定了人格尊严的根本基础。人的人格需要得到承认和肯定。它所要求的是人的尊重，而不是轻视或者羞辱。

人的尊严的欲望虽然表现为欲望者欲求自身的尊严，但实际上是他欲求他人对于自己的尊重。因此所欲物并不只是尊严自身，而是他人的尊重。他人对于自己的尊重表现为，他承认我这样一个独特的存在者。只有在他人的尊重之中，人的尊严才能得到实现。一方面，欲望者要自尊，亦即尊重自己，他要维护自己的人格；另一方面，他也要尊重他人，亦即尊重所欲物，他要维护他人的人格。与欲望者一样，所欲物也要尊重他自己，并在此基础上去尊重欲望者。唯有在欲望者和所欲物同时享有尊严的前提下，欲望者才能获得所欲物真正的尊重。正是在获得他人尊重的时候，人的尊严的需要才得到了实现。

3.2 权力

与尊严的承认不同，权力的欲望是一种控制和命令。它最典型的形态是在政治领域。所谓政治是每个存在者在存在者整体中位置的确定，亦即权力边界的划分。这种划分必然导致相互的矛盾和斗争，有的合法获得权力，有的非法获得权力。但权力不仅相关于特定的政治领域，而且也相关于一般的社会生活。只要有人存在的地方，就会有权力的出现，如在家庭和社会里。在这样的意义上，权力并不是一种特别的政治的欲望，而是一种普遍的人性的欲望。

权力划定了社会生活中的上下级等级序列。有权者是支配者，无权者是被支配者。在中国传统社会中存在三种权力支配关系：皇权、父权和男权。皇权是皇帝支配臣民的权力；父权是父亲支配子女的权力；男权是男人支配女人的权力。但传统社会的这三种权力现在已经被废除了。现代社会的人们根据契约所确定的游戏规则而获得权力。凡是合理的权力就是正义的，凡是不合理的权力就是非正义的。

在权力的欲望中，人作为欲望者，权力是所欲物。但权力主要是人对于他人的控制和命令，因此所欲物实际上是一个被权力支配的人。根据这样的解释，权力的本性是欲望者对于所欲物的控制与命令。

作为权力的欲望者，他具有一种特别的力量，即影响他人的能力。但权力最主要表现为语言或话语的力量。权力的话语并非一般的陈述的语言，而是一种特别的语言。它是命令和强制，能通过某种体制或者机制而支配现实的人和物。因此权力是一种具有命令性的说话权和话语权。权力的欲望者在根本上是欲求成为一个拥有命令说话权的人。作为所欲物的人是没有权力的人，被剥夺了说话权，而只有听话权。同时所欲物要将所听到的话语转化为现实的活动，去改变事物。只有当欲望者的权力欲望在所欲物中得到落实时，权力才是真实的，而不是空洞的。在权力现象中，我们看到了双重命令。一方面是语言对于现实的规定，另一方面是个人对于他人的控制。

3.3 爱

与尊重和权力不同，爱是给予。人生来就有一种社会性的欲望，需要亲情、友情和爱情。这些可称为广义的爱欲。它们并非只是一种停留在心灵中的内在的感情，而是一种现实的交往关系和活动。爱欲从来不是单方的，而是双方的，是互动的。人作为欲望者去爱所欲物并要求被所欲物爱，同时所欲物也去爱欲望者并要求被欲望者爱。只是在互爱而不是单爱之中，人的爱欲才能真正完整地实现。

爱欲的第一种形态是亲情。亲情是亲人的情感。亲人主要是那些具有血缘关系的人，如父子、兄弟等。亲情作为一种血缘关系是一种自然关系，也就是一种天经地义的关系。人原初生活在一个家庭之中，本来就存在于亲情之中。他们共同生活或者存在，相互爱护。人作为欲望者欲求亲情，去爱自己的亲人并为自己的亲人所爱。同时亲人作为所欲物被欲望者所爱并去爱欲望者。

爱欲的第二种形态是友情。友情是朋友的情感。朋友是那些具有友谊的人，也就是志同道合的人。他们的关系不是建立在血缘基础之上的，而是建立在社会活动的基础之上的。在生活世界中，人们因为共同的存在关系而聚集在一起。因此友谊不是朋友的友谊，但朋友是友谊的朋友。这就是说，不是朋友规定友谊，而是友谊规定朋友。一个有友谊的人才能成为真正的朋友。人作为欲望者欲求友情，正是去爱自己的朋友并被自己的朋友所爱。同时朋友作为所欲物被欲望者所爱并去爱欲望者。

爱欲的第三种形态是爱情。爱情是爱人的情感。爱人是那些彼此相爱的人，也就是相互献出身心的人。爱情既不同于亲情，不是一种血缘关系，也不同于友情，不是非身体的关系。爱情是男女双方的身体与心灵的交互给予。因此爱情不是爱人的爱情，而爱人是爱情的爱人。这就是说，不是爱人规定爱情，而是爱情规定爱人。一个有爱的人才能成为真正的爱人。人作为欲望者欲求爱情，正是去爱自己的爱人并被自己的爱人所爱。同时爱人作为所欲物被欲望者所爱并去爱欲望者。

社会性的欲望所包括的尊重、权力和爱主要建立在人与人的关系之中。自我作为欲望者，他人作为所欲物。这种人对人的欲望关系虽然不同于人对物的欲望关系，但是并不脱离人对物的欲望的关系。相反人对于人的欲望关系始终需要通过人对于物的欲望关系来实现。例如尊重并非只是一种单纯的赞美，而也是相关于生活资料和生产资料的拥有的承认；权力并非只是一种单纯的命令，而也是具体化为人权、物权和财权，即对于人、财和物的支配。爱并非只是一种空洞的非现实性的情感，而也是生命现实性的共在。它除了人自身的给予，还有物的给予。

在人对于人的欲望之中，欲望者和所欲物的关系并非一种简单的主体和客体、主动和被动的关系，而是伴侣般的互动的关系。但尊重、权力和爱三种欲望所表现的关系是不同的。尊重作为对于自己和他人人格的承认是彼此平等；而权力作为对于他人的控制和命令是具有等级性的，也就是由上到下的；爱欲既是主爱去爱被爱，具有等级性，也是被爱向主爱的回复，因此也是具有平等性。在人对于人的欲望关系中，人一方面显示了自身的本性，另一方面也发展了其生活的丰富性和多样性。

4. 精神性的欲望

在本能性的、物质性的和社会性的欲望之上，人产生了精神性的欲望。这种欲望当然与本能性的、物质性的和社会性的欲望相关，但在根本上与这些欲望相分离，专门化为人的心灵对于心灵的欲求。它可简称为心欲。

論大道

4.1 日常的精神

在日常生活中，精神性的欲望主要表现为对于名誉的追求。名誉相关于人的名字和名声。人有他的姓名，它标明了其家族和个人。人从没有名字到有名字，使其身体性的存在获得语言性的存在。这个名字并不是空洞之名，而是能够指称人的一切活动。不仅如此，而且它可以超出人现实性的存在。这就是说，在人的现实性不在场的时候，他的名字可能在场；在人身体死亡之后，他的名字依然存在，亦即突破了时空的限制，或者流芳百世，或者遗臭万年。人的名字所聚集的个体活动在社会中为人们的言谈所评价，所赞誉或者不赞誉。这形成了人的声望和名声，亦即名誉。名誉是一个人存在于世界之中的语言性样式。但它不再只是一个单纯的人的名字，而是这个名字所具有的名声。名誉是以个人名字为载体而包纳了其全部存在的语言聚集物。

人作为欲望者欲求名誉。关于名誉的欲望不同于身体性、物质性、社会性的欲望。这些欲望分别作为身欲、物欲、人欲，都是实在的，并都直接相关于物质。但名誉的欲望可以说是虚幻的，并不直接相关于物质。人欲求名誉是让自己从无名到有名。这并非是从没有名字到获得名字的转变，而是人在已经获得了名字的基础上从无名声到有名声的转变。人如何才能成名？这不是凭借人单纯的存在，而是依靠人的作为，亦即做事。一个人是通过一个事件而成名。只有当这个事件成名了，人才能成名。事件名声越大，人的名声也随之越大。名声当然有好坏之分，有美名，也有恶名。虽然有人为了成名而不择手段，甚至要成为一个坏的名人，但更多人不仅要成为一个名人，而且要成为一个好的名人。也有人不断追求名声要更大、更响、更好。但人为名誉而名誉的追求则蜕变为只是一种渴慕虚荣的行为了。

作为所欲物的名誉对于欲望者的人究竟意味着什么？名誉既然是人的个体存在于世界之中的语言性的样式，那么当然会直接激起欲望者语言性的反应。他在听到自己的名誉之后而言说，从而表达自身的荣耀或者羞耻。名誉自身作为一种语言形态不仅是描述式的，而且是行为式的。这就是说，它是在赞誉或者是在诋毁，从而要求相关的人这样存在或者不这样存在。好的名誉是对于人的存在的肯定，坏的名誉则是对于人的存在的否定。通过如此，名誉作为一种语言形态不仅直接指向人的语言性的存在，而且也间接指向人的现实性的存在。名誉自身固然是虚的，而不是实的，但它能引起人们关注名誉的欲望者，从而让他获得荣誉之外的所欲物，包括身体性的、物质性的和社会性的。在这样的意义上，名誉并不只是一个空洞的名声，而也是一个现实的存在，相关于实在的利益。

4.2 超日常的精神

人们除了日常生活的精神性的欲望之外，还有非日常生活的精神性的欲望。这主要表现为人们对于真善美的追求。

人作为欲望者欲求真。他天生就有求知的欲望。人来到世界上本来是无知的，虽然与天地万物在一起，并看到了它们，但并不知道它们是什么。人惊讶天地万物的存在，亦即它们是如此这般的存在，并好奇追问它们如何存在和为何存在。这让人生长出强烈的求知欲。他渴求知识，希望去掉假象的蒙蔽，而揭示真理自身。人对于真理的欲求的专门化的活动是作为知识学的科学的活动。

人们求真的欲望的所欲物是知识本身。知识是人们所知道的，而所知道的正是事物的本性，因此知识总是关于事物的知识。它揭示了事物是什么，如何是，为何是。人获得了知识，也就满足了自己的求知的欲望。欲望者成为一个有知识的人，知道了天地万物是什么。知识当然有其直接的实用性，以致人获得了它就可以为自己的现实活动服务。但更多的知识远离了直接的实用性，是无用的，不可为人所利用。在这种情况下，人们追求知识纯粹是为己的求知。他只是为知识而知识，而不是为知识之外的什么而知识。

人作为欲望者欲求善。人之初的本性是无所谓善或者恶的，这在于他就是如此这般存在的，是超越善恶之分的。善恶的区分在于人的存在是利生还是害生，由此产生了人区分善恶的意识。在此基础上，人们就有了去恶扬善的欲望。但善的追求自身有别于人的本能的欲望，而是成为了他的意志的行为。求善的意志也许肯定本能的欲望，但也许要否定甚至要消灭它。人对于善的追求表现为存善心、说善话、做善事。

人们求善的欲望的所欲物是善自身。善是好，是利于人的存在的事物的本性。除了一般的善之外，还存在至善，亦即最高的善。作为一切善的总原则，它是最高的存在自身。欲望者追求善并获得了善，这样他就成为一个有善的人，或者善良的人。善一方面内在化为人的道德，亦即成为人的德性或者德行；另一方面外在化为人的伦理，亦即成为人与人之间关系的规范。但最根本的是善规定了欲望者的存在本身。当人的存在达到至善的时候，他就达到了最高的存在状态。

人作为欲望者欲求美。人不仅有求真和求善的欲望，而且有求美的欲望。人在满足了其一般欲望之后，就生发出美的欲望的冲动。如人不仅追求满足身体本能的欲望的所欲物，而且追求美的身体的所欲物；不仅追求满足物质性欲望的所欲物，而且追求美的物质的所欲物；不仅追求满足社会性欲望的所欲物，而且追求美的社会的所欲物，如此等等。人对于美的事物的欲望的冲动的典型形态为艺术的创作和欣赏。

人们求美的欲望的所欲物是美自身。美是事物存在本性的完满实现，但它的领域多种多样。有自然美，如日出和日落、山水、万物等；有社会美，如美好的人物和事情；有艺术美，如文学、音乐、绘画等。人不仅生活在一个美的世界与美的事物相伴，而且他自身成为一个美的人，达到了完美的存在。

此外宗教也是人的精神性的欲望。比起其他精神性的欲望，宗教性的欲望是最强烈的，是超出一切的、至高无上的。宗教是人对于人和世界的终极本源的信仰。欲望者渴求作为精神食粮的信仰，如同他渴求物质食粮一样。这成为维系其精神生命的必需的活动。人从这一欲望出发，可以抛弃世俗世界，离开家庭和社群，献身精神世界。在肉体与心灵二分的情况下，人们宁愿舍弃肉身，追求心灵；舍弃生命，追求死亡。欲望者在此是一个虔诚的信仰者。

宗教性欲望的所欲物是所信仰者。它们包括了天、佛、上帝和诸神等。天在头上，既是可见的，也是不可见的；佛不仅是一个在历史上作为觉悟者的人，而且也是一个佛法无边的神圣者；上帝是世界的创造者和主宰者；诸神能支配世界与人。无论所信仰者为何，它们都是作为一个最高的和最完满的存在者，是真善美的聚集。人在信仰之中与所信仰者合一，正如人们所说的天人合一和神人合一。所欲物作为所信仰者成为人的精神家园，规定了人的语言、思想和活动。

四、欲望的表达

欲望是欲望者指向所欲物的活动。它从来既不只是一种静止的状态，也不只是一种内在的特性，而是作为一种强烈的意向性活动，始终要将自身表达并实现出来。其显现模态既有身体性的、心理性和语言性的，也有社会性的。

1.身体性

欲望活动的形态首先将自身表达为身体性的。它是前意识的、前语言的。不仅本能性的欲望表达直接是身体性的，而且非本能性的欲望表达也是具有身体性的。

欲望有种种表现，如身体的欠缺、渴求，以及由此而来的不安、烦躁和激动等。它一方面显现为外在身体的征候，如面部的表情、四肢的动作、整个躯体的变化等；另一方面显现为内在身体的感觉，如呼吸的急缓和心跳的快慢等。这些身体行为不仅将人暴露为欲望者，而且也把物设定为相应的所欲物。

欲望的冲动让人的身体充满活力。人的身体是一生命体，它存在、活动、休息、睡眠和觉醒。在没有欲望时，人的身体是平静的、安宁的，按照其惯常的模式在运转。但在有欲望时，人的身体是骚动不安的，打破了其常规的行为。人不仅有强烈的意愿，而且有强大的能力。没有能力，光有意愿，人的欲望是无法实现的。只有当既有意愿又有能力的时候，人的欲望才能实现。在欲望的冲动下，人的能力能突破其生命的极限，而达到最大的可能性，亦即不可能的可能性。人最终能够使不可能性变成可能性，将其化为现实。

同时欲望的冲动让人的感官的感受活动变得更加敏锐和丰富。人的身体有眼、耳、鼻、舌、身等感觉器官。在没有欲望的情况下，人的身体成为没有器官的身体，因此不能去感受相应的感觉物而形成相应的感觉。但在有欲望的情况下，人的身体才真正成为有器官的身体，由此其感觉器官会更加专注于所欲望的感觉物，并形成相应的感觉。如眼睛对于色彩形成视觉，耳朵对于声音形成听觉，鼻子对于气味形成嗅觉，舌头对于美味形成味觉，身体对于所触之物形成触觉等。人的感觉器官朝向感觉物打开自身，同时感觉物也向感觉器官呈现了自身。感觉者和感觉物聚集在一起。

当人的欲望的冲动得到满足时，他的身体就会获得快感。人的感觉有不同的类型，有痛感、快感和非痛非快感。痛感是身体受到了伤害而流血，因此得到的一种痛苦的感觉。快感则与之相反，是身体受到了满足和安慰，因此得到的一种快乐的感觉。此外人还有一种非痛非快感。身体既没有受到伤害，也没有得到满足，因此既不感到痛苦，也不感到快乐，而获得了一种中性的感觉。但它是日常生活中最普遍的感觉。人的欲望都遵循趋利避害的原则，总是避免痛苦而追求快乐。作为快感自身，它一般也分为身体的快感和心灵的快感。但其实这两者不可分离。身体的快感会伴生心灵的快感，心灵的快感也会伴生身体的快感。欲望所导致的身体性的快感虽然不同于心灵性的，但也伴生心灵性的。身体的快感是所欲物满足了欲望者的需求所导致的感受。这些所欲物既可能是身体性和物质性的，也可能是社会性和精神性的。所欲物有的直接进入人的身体，如美酒佳肴；有的触及人的身体，如异性的肌肤；有的引发人的身体的反应，如一些物质的、社会的和精神的所欲物等。不同的所欲物以不同的方式刺激人的感官，让人获得快感，如五色悦目、五音悦耳、五味悦口，如此等等。人的身体的快感表现多种多样，如手舞足蹈、心潮澎湃、欢声笑语等。

欲望的满足的极端形态是身体的陶醉。这就是说，人作为欲望者陶醉于所欲物的享受的快乐之中。何谓陶醉？它最初一般是指人们饮酒而醉，后扩大到指人的存在与活动的某种极端的状态，如人陶醉于山水之间，或者陶醉于巨大的喜悦之中。那么在欲望的陶醉之中，人究竟发生了什么？人的身体会出现一种极端的矛盾的情形：亢奋和宁静。身体的亢奋表现为被一种的巨大的无形的力量所灌注和支配，既可能创造一切，也可能毁灭一切。身体表现为它自身的宁静，是存在的瓦解与消融。它满足了，不再需要了，因此保持着和平。

陶醉既是情态性的，也是意向性的。其意向性是欲望者对于所欲物的欲望活动。它表现为：一方面是物我同一，另一方面是身心出离。物我同一是指欲望者和所欲物完全合一。欲望者和所欲物本身是有距离的，但陶醉却消除了两者的距离，使之达到了亲密无间。欲望者化成了所欲物，而所欲物也化成了欲望者。身心出离是指被所欲物所陶醉的欲望者忘掉自身身心的存在和活动。人不仅忘记了自己，而且忘记了自身所处的世界和万物。虽然欲望者的身心被忘记，但他不仅依然存在与活动，而且被所欲物所驱动，构造出一个新奇的世界。这个世界是陶醉的欲望所建立的一切可能的世界。

2. 心理性与语言性

在表现为身体性的同时，欲望的活动也表现为心理性的。它既可能是无意识的，也可能是有意识的。

人们认为欲望一般以无意识的形态出现。它自身并非是没有任何意识的单纯的身体存在和活动的状态，而是有意识的身体性行为，只是没有被自身意识到而已。这就是说，欲望虽然伴随着身体以意识的状态呈现，但人自身却没有自觉意识到这种意识。他不知道欲望在身体表达的同时也伴生着意识的表达。但欲望的无意识会在人的觉醒的时候进入到意识的领域。他知道了自己无意识的欲望，而使之成为有意识的欲望。由此欲望的无意识转化成了欲望的意识。与此同时，欲望的意识也会相反地转变成欲望的无意识。虽然欲望在意识中表达自己，但在它出现的时候就面临着各种对于自身的检测机制。它们既包括社会的法律、道德和宗教的规则，也包括个人经历所形成的经验。它们或者允许个人的欲望的表达，或者禁止个人的欲望的表达。那些被禁止表达的欲望则由意识领域转移到无意识领域。尽管这样，欲望并没有被消灭，而是依然以无意识的形态存在和活动着。

欲望的无意识的活动有多种方式。它会将自身变形，也就是以另外一种形态来改变和伪装自己；同时它也会转移自己，将欲望者对某一所欲物的欲望转移到另一所欲物的身上；它也会升华，把一种本能性的欲望提升和变性为一种非本能性的欲望，如一种压抑的性欲可以转化为一种强烈的艺术冲动行为。一些人都认可艺术是性欲无意识的升华。

尽管欲望本源性是无意识的，但必须转变成意识。这在于只有在意识的光照中，无意识才能暴露出来。否则它只是存在于自身，是黑暗的。在未被意识的情形中，不仅欲望者自身不知道自己的欲望，而且所欲物自身也不知道自己的被欲望。因此所谓的欲望的无意识事实上并非未被意识到的无意识，而是已被意识到的无意识。更重要的是，只有当人的欲望被知道的时候，欲望者才是一个真正的欲望者，所欲物才是一个真正的所欲物。在此基础上，人的欲望才能实现。

正如一般的意识总是关于某物的意识，欲望的意识也总是欲望者关于所欲物的意识。在欲望的意识结构中，人不仅意识到欲望者自身是谁，而且意识到所欲物是什么，此外还意识到如何去实现欲望。其实这种欲望的意识不同于一般的意识只是意识到存在者的存在，而是欲求，是欲望者去欲求所欲物。因此欲望的思想既是对于欲望者的规定，也是对于所欲物的构造。欲望的意识始终是欲望者获得和占有所欲物的意识。这决定了欲望的意识并非一种与行动无关的纯粹意识，而是一种要导致行动发生的现实意识。在这样的意义上，欲望的意识并非只是要解说欲望，而是要实现欲望。

当人开始生起欲望的时候，他不仅有身体行为，而且有意识和语言活动。虽然欲望最初是无意识的，但并非是没有语言的。相反它具有语言一样的结构，如能指和所指。不过欲望的语言并非是一般的语言，而是一种特别的语言。它最初呈现为无意识的语言，如各种类型的象征符号等。但无意识的语言最后也会转化为有意识的语言，从不可言说的转化成可以言说的。唯有如此，欲望才由莫名的欲望成为有名的欲望，并可能现实化。

欲望的完整的语言表达式为：我欲求某物。我是主语，是欲望的能动者。但我并非是单一的，而是多样的、变化的，是不确定的。某物是宾语，是欲望的被动者。某物是被我所规定的，并会因为我而不断置换角色，如身体性的、物质性的、社会性的和心理性的。欲求是谓语，不是一个不及物动词，而是一个及物动词，是我施加于某物的动作行为。当欲望只是作为一个名词时，它还只是固守于自身。只有当它转换为一个动词"欲求"时，它才是现实的存在。这就是说：欲望在欲望，欲望者欲求所欲物，亦即我欲求某物。

欲望语言的本性是欲望者朝向所欲物的呼声。它当然可以以独白的言说方式出现，如呢喃、呓语和自白等。这种自言自语是欲望者告知并聆听自己对于所欲物的欲求。但欲望的语言必须从独白走向对话。这就是说，欲望者要朝向所欲物呼唤：我欲求某物。一方面，欲望者将自己的欲望告知所欲物。这一告知不仅是传达，而且是要求：欲望者要拥有和消费所欲物。另一方面，所欲物聆听欲望者的欲望。这一聆听不仅是倾听，而且是听从，顺从欲望者的拥有和消费。正是在呼唤和回应的对话中，欲望的语言展开了其现实的言说。

欲望的语言基本上可以区分为两种形态，一种是间接的语言，另一种是直接的语言。按照语言学的一般说法，语言符号包括了能指和所指。在欲望的两种语言形态中，能指和所指之间的关系是不同的。

欲望的间接语言是一种隐晦的语言。它的能指和所指是朦胧的。一个能指有许多所指，而一个所指有许多能指，因此它们之间的关系也是多元的和歧义的。欲望的语言甚至会出现无所指的能指。一个能指不是指向一个所指，而是指向另一个能指，而形成能指与能指之间传递的链条。于是欲望在这种语言中变形、转移和升华，以间接性的形态将自身表现出来。人的欲望的表达是迂回的、委婉的。这种隐晦的欲望语言往往是人的原初的无意识的语言和被意识所压抑之后回到无意识的语言。

与欲望的间接语言不同，欲望的直接语言是一种显白的语言。它的一个能指指向一个所指。它们自身不仅是明晰的，而且它们之间的关系也是单一的，由此欲望的意义也是确定的。不仅欲望者的身份是不可置换的，而且所欲物的角色也是严格限定的。此外欲望的实现的过程、手段和方式也是公开的，而不是遮蔽的。这种显白的欲望语言能够将无意识的欲望充分揭示出来，使之成为有意识的欲望，而大白于天下。

3. 社会性

欲望活动的表达形态不仅是身体性的、心理性的和语言性的，而且也是社会性的。它本身是作为欲望者欲求所欲物的活动，不仅包括了人与物的关系，而且包括了人与人的关系。其中人与物的关系不能脱离于人与人的关系之外，而只能建立在人与人的关系之中。这决定了欲望活动本身是社会性的。欲望身体性的表达并不只是一个孤立的身体性活动，而也是一个社会性的事件。同样欲望的心理和语言的表达最终也要走向现实，否则只是虚幻的、空洞的，是无法实现的白日梦和呓语。事实上，欲望的身体性、心理性和语言性的表达既设定了社会性的表达为前提，也推动了社会性的表达的完成。它们之间是互为因果和相互作用的。

欲望的社会性表达遍及生活世界的方方面面，但最根本是其社会性的生产和消费。

欲望成为人的生产的最原初的驱动力。由性欲出发，人从事人自身的生产，由此繁衍后代，使人口不绝；由食欲和其他物质性欲望出发，人从事农业和工业生产，提供了生活资料和生产资料，由此直接和间接地满足自身物质性的需要。在此基础上，人类不仅发展了物质生产，而且也发展了精神生产。人类根据自身不同的欲望从事不同的生产。尽管生产有多种形态，但它的本性是通过对于物的改造而制作新物，也就是生产产品。它是生产的完成和结果，也是满足欲望者的欲望的所欲物。

总体而言，人作为欲望者不仅是产品的生产者，而且也是产品的拥有者。他的产品就是他的所欲物。但从个体而言，人作为欲望者并非同时是产品的生产者和拥有者。他或者生产产品，但并不拥有产品；或者拥有产品，但并不生产产品。这就是说产品可能是也可能不是某一特定个人的所欲物。之所以出现这种分离现象，是因为存在不同的所有制。人对于财产的拥有权利决定了人对于产品的分配方式。在私有制中，产品归生产资料的私人所有者拥有，而并非作为拥有者的生产者只是领取一定劳动的报酬。在公有制中，产品归集体和国家所有。人们各尽所能，按劳分配。通过不同的分配样式，人们获得了一定的产品，或者与产品等值的金钱。

但由于分工的结果，人所生产的单一的产品只能满足自己单一的需要，甚至他根本就没有生产出能够满足自己欲望的产品。为了满足自身多方面的欲望，人需要在市场上去购买自身的所欲物。市场既然有购买，就有销售，因此始终是买与卖的交换所完成的地方。在市场所买卖的产品改变了自身的所属特性，而成为商品。其实不仅物成为商品，而且人也成为商品。人们通过金钱获得了商品，或者通过商品获得了金钱，然后又通过金钱再获得商品。市场是金钱和商品无穷无尽的交换活动。在这里，欲望者获得了所欲物。

毫无疑问，市场交换的最终目的是商品的消费。它是人作为欲望者占有所欲物的活动。消费让商品释放其对于人的有用性，直到其只剩下无用性，而成为垃圾。有些商品甚至完全消耗了自身，没有丝毫的物的剩余，而变成了空无。但正是在借助于商品的消费，人将物变成了人自身，甚至将他人也变成了人自己。于是人满足了自己，充实了自己。

当欲望满足之后，人们又生起了新的欲望，从而导致新的生产。这形成了在欲望推动下的人的生产、分配、交换和消费的无限的循环。这一运动不仅让人作为欲望者生产了新的所欲物，而且也让所欲物生产了作为新的欲望者的人。

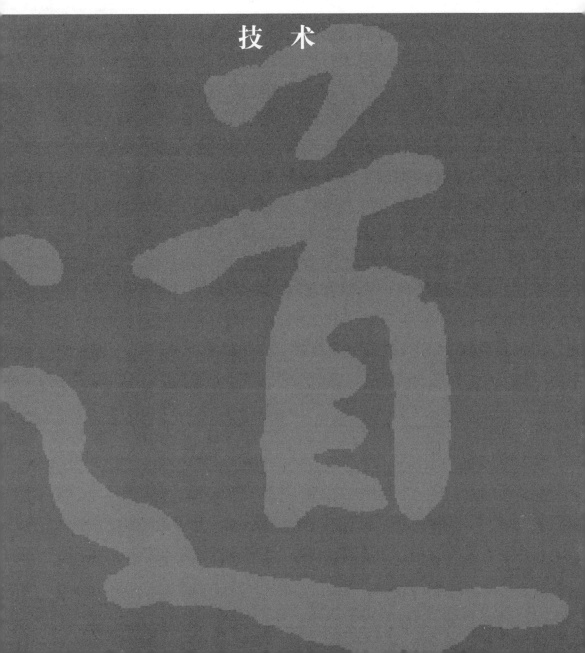

第三章

技　术

当人去实现其欲望的时候，他不能只是依靠本能，亦即天赋的能力，而要依靠超出其本能的技术，亦即人类的生产、劳动和实践。技术是人制造和使用工具而制作万物的活动。它在人的生活世界中具有至关重要的作用。不仅所欲物，而且欲望者自身都是被技术生产出来的，甚至欲望自身的占有过程也是被技术所控制和支配的。技术不仅决定了人的欲望是否可以实现，而且还决定了它在何种程度上可以实现。技术不仅能满足人已经有的欲望，而且会刺激出人未曾有的欲望。

一、何谓技术

1. 技术思想

人们一般把技术理解为现代的事情，而非前现代的事情，并把它只是限定为机械技术和信息技术等，而不是规定为一般的技术，即创造和使用工具去生产物的活动。由此人们断定前现代社会是非技术的社会，现代社会才是技术的社会。但事实上并非如此。技术一直伴随着人的存在并且制造人的存在，因此它是人的存在的一个非常重要且不可忽视的维度。没有技术，就没有人的存在；只有技术，才有人的存在。人从其开始就是一个技术性的存在者，掌握了基本生存领域的制作。关于生产的技术包括了采集植物和狩猎动物；关于生活的技术包括了衣食住行等。如吃饭的：烹调及锅碗瓢盆的使用等；穿衣的：纺织和缝纫；居住的：建筑与起居；行走的：开辟道路与驾驭车马。

在历史上，人们不仅现实地从事技术活动，而且理论地探索其本性及其在人的存在中所扮演的角色。由此看来，技术思想或者技术哲学也并非只是在现代人命名了"技术哲学"之后才开始发生。关于技术的思考由来久矣。中国先秦的道家老子和庄子就有丰富的关于技术的思考。他们不仅揭示了技术的本性，而且也标明了技术与人的生活世界的关系及其可能对于人的存在产生的利弊等。同时古希腊有完备的关于技术的哲学理论。亚里士多德的"四因说"（质料因、形式因、动力因和目的因）是关于物的理论，其中主要不是对于自然物而是对于人造物的分析。这在于一个自然物只是包括了质料因和形式因。只有人造物才不仅包括了质料因和形式因，而且也包括了动力因和目的因。而人造物则正是技术制造的产品。

中国和西方的传统的思想虽然思考了技术，但并没有将其形成专门化的论题，更没有将其确定为重要性的主题，这也是不容否认的事实。为何如此？其原因是多种多样的，但主要包括了存在和思想两个方面的因素。就存在方面而言，历史上的技术只是表现为手工操作工具制作物的活动，并没有主导人的生活世界。那规定世界的，在中国是天道，在西方是诸神和上帝。比起天道的伟大，技术是渺小的；比起上帝的大能，技术是无能的。就思想方面而言，中国主要思考道是什么，西方主要思考理性是什么。理性一般被理解为理论理性和实践理性，而不是作为技术的诗意创造理性。技术也由此没有进入到思想的中心领域。

一种主题化的"技术哲学"或者"技术思想"的确是现代以来的事情。其理由当然也可以在存在和思想两方面来寻找。一方面，中国的天道衰亡，西方的上帝死了。技术取代了天道和上帝，逐渐成为我们时代新的主宰。它不断显示了其创造世界万物的伟大力量。在技术面前，不仅上帝死了，而且自然也死了。这就是说，它们的历史使命已经终结，对于人的存在不再具有根本的规定性。另一方面，思想的主题不再是理性，而是存在，亦即人的现实生活。当人们思考存在的时候，其目光直接投向了技术，这在于它在根本上设定了人与世界的存在。基于这样的原因，"技术哲学"或者"技术思想"成为了当代的显学之一。人们或者针对技术做技术性的分析，揭示其原理和方法及其历史发展的规律和周期；或者针对技术作人类学和文化学的解释，指出其人类存在的根源和文化建构的特性；或者针对技术作社会和政治的批判，分析技术社会化和政治化，同时社会和政治也被技术化，如此等等。但是无论是对于技术做技术性的分析，还是对于它作人类学和文化学的解释，或者对于它作社会和政治的批判，都必须首先回答：什么是技术自身？亦即什么是技术的本性？

2. 技术、自然与人类

毫无疑问，技术不是自然的运动，而是人的活动。因此它在本性上与自然相对。这就是说，技术不是自然，自然不是技术。我们可以看一看自然现象。如天下雨了，天起风了，这是天气自身的变化。又如植物生长，按照季节的变化而开花、结果和枯萎。还如动物生活，它根据其本能吃喝、繁衍和死亡。所有这一切都是天地的造化，是自然而然的。我们再看一看人类现象。人类不能直接生存于一个已经给予的自然世界里，而只能生存于自己创造的世界里。人在已有物的地方加工物，在没有物的地方制造物。技术就是要生产出一个在自然中尚未存在且与它不同的物，亦即人为之物。人类在自然的基础上从事着技术的工作，并凭借技术而与自然相分离。因此人类与自然的分离可以直接说成是技术与自然的分离。自然世界是没有技术的，而人类世界是有技术的。技术性是人的生活世界的根本特性之一。

虽然技术是人的活动的特性，并能渗透和影响人的所有活动，但它只是人的所有活动中的一种。按照一般的分类，人的活动可分为思想活动和现实活动、理论活动和实践活动。思想和理论活动是人用大脑思考人与世界万物的活动，现实和实践活动是人用双手作用于万物的活动。技术显然不属于思想和理论活动，而是属于现实和实践活动。当然人们在历史上对于人的活动还有各种分类。但技术并非是人对于万物的一般性的作用行为，而是一种生产活动。古希腊人将人的理性活动区分为理论理性、实践理性和诗意创造理性。理论理性是观看。它区分于盲目和意见，而是洞见，亦即看到事物的本性。实践理性是人的意志。它一方面是人内在的道德，另一方面是人外在的伦理。所谓诗意创造理性就是技术，它既不同于理论理性的洞见，也不同于实践理性的意志，而是生产性的、创造性的。中国思想一般将人的活动区分为相关于道的活动和相关于技的活动。道是超越物的，人们体道、思道、言道。技是相关于物的，是人们创造和使用工具而制作事物。

3. 技术、科学与工程

在区分了技术与自然以及一般人类活动之后，我们还要讨论技术与其近邻：科学和工程。这三者密切相关，以至于人们将它们同时使用，或者将其中的两个语词并用，如科学技术、技术工程等，甚至合成为一个语词，如科技等。虽然它们三者有着内在的联系，但绝非同一。因此人们需要对于它们进行分辨，不可将它们混淆与置换。

汉语的科学意为分科而学，亦即关于不同领域的存在者的本性或者真理的研究，由此而形成不同的学科，如数学、物理、化学和生物等。但西方科学的本意是指知识学，是关于知识的系统表达。所谓知识是关于万物的知识，是其真相和规律。所谓系统是一个有机整体，有其开端、中间和结尾。因此科学从来不是一种碎片般的经验，而是一种系统性的知识。在这个意义上，科学是西方的，而不是非西方的。

但科学这一语词在当代有极为多样的用法。最广义的科学包括了一切人类系统的知识类型。既然科学作为知识学是关于万物的知识，那么它就不仅包括了自然科学，而且也包括了社会科学，甚至还包括了哲学。这在于所谓万物不仅统摄了自然物，而且也统摄了社会物。基于这样的理由，不仅自然科学可以宣称它的合法性，而且社会科学也可以同样捍卫其合法性。同时当人们追问万物存在的根据的时候，哲学就不能缺席，而必须到场。长期以来，哲学自身被认为不仅是作为知识学的科学，而且是作为科学的科学，亦即作为一切科学的基础。这在于它自身不仅建构了世界观和方法论，而且也给自然科学和社会科学提供了世界观和方法论。它不仅告诉人们这个世界是什么和为什么，而且告诉人们如何认识和改造这个世界。

这种包括了自然科学、社会科学和哲学的最广义的科学观在现代遇到了危机，走向了坍塌。人们认为科学只是自然科学和社会科学，而不再包括哲学，这是因为自然科学和社会科学走向了实证的道路，而哲学因为其自身的非实证性不再被人们当作科学，更不能视为科学的科学。一般意义的科学只是指自然科学和社会科学。

当然，现代还存在一种更加狭义和严格的科学概念。它不仅排除了哲学，而且还排除了社会科学，而只是指自然科学。科学被限定为对于自然界的分科而学，是关于自然界的知识系统，如数学、物理学和化学等。同时实证性成为科学或者自然科学的唯一标志。它不仅规定了自然科学整体，而且也影响了社会科学的广大地盘，甚至也渗透到哲学研究的部分领域，并产生了实证主义哲学等。

当我们现在讨论科学和技术关系的时候，其实主要是讨论自然科学和技术的关系。技术不同于科学。一个根本性的差别在于：科学是认识，技术是制作。如果说科学主要是意在发现自然界的原理，知道事物是什么和为什么的话，那么技术则主要是制造什么事物和怎么制造事物。它是一种制造产品的系统知识与活动。

与科学和技术不同，工程是对于科学与技术的应用，是它们的完成形态。它表现为具体的项目，是一个人造产品的过程，并现实化为某种器物。其必要的环节包括了研究、开发、设计、施工、生产、操作和管理等。应该说，工程既包括了技术的成分，也包括了许多非技术的因素。

在上述的比较中，我们可以看到科学、技术和工程的关联。科学为技术提供知识学原理，工程则是技术的最后完成。其中技术具有关键性的意义。这在于技术作为人制作万物的活动先于人关于万物本性的系统认识。科学最初建立在技术活动的基础之上。当然，一种完善的科学原理能给技术的制造提供指引。一般科学作为纯粹或理论科学转向应用科学就会形成技术化的科学。同时任何工程必须以技术作主导，而成为技术性的工程。一种技术化的科学和技术化的工程为技术在整个世界全面实施技术化提供了基础。

二、技术的起源、本性与结构

1. 技术的起源

技术起源的时间和人类起源的时间是同步的，这在于人自身不是自然性的存在，而是技术性的存在。从整体来说，人制造和使用工具去生产事物是人的存在的开端；从个体来说，只有当人能利用工具而实现自己欲望的时候，他才能开展属于自身的独立的生活。不过问题并不在于确定技术起源的精准时间，而在于揭示技术起源的真正动因是什么。

关于技术起源的动因的一个观点是人类生理本能匮乏论。人天生本来就具有一些特别的能力。这既包括了人的一些欲望，如吃喝和性行为，也包括了伴随它并且实现它的一些手段，如人自身的手和脚的活动能力等。尽管这样，人类已有的本能的力量是有限的，如手脚在采集和狩猎中有其天然的不足。这就阻碍了人类充分满足自身欲望的活动。与动物相比，人的许多方面的本能是弱小的。人没有虎狼般的利齿，不能够撕咬对手和猎物；没有雄鹰的远视的眼睛，不能够看到遥远之处的目标；没有狗一样的嗅觉，不能够辨明事物存在与活动的细微的气味；没有猛兽的利爪，不能够充当进攻的武器；没有飞禽的翅膀，不能够在高空中飞翔，越过高山和海洋，如此等等。这样就导致人不能如动物一样靠本能在自然的世界里自足地生存。正是基于这样一种本能的匮乏，人需要用技术来补充，制作并使用工具，生产万物及世界，并创造一个生活在这个世界中的自己。

关于技术起源的动因的另一个观点是人类心理能量充裕论。按照一般的说法，所谓人的身体性的存在不仅包括了肉体，而且包括了灵魂。人类生理本能匮乏论只是考虑到人的肉体的方面，而人类心理能量充裕论则考虑到了人的灵魂方面。虽然人的生理本能是匮乏的，但人的心理能量则是充裕的。它是巨大的、无限的，具有非同寻常的创造力。这样一种心理能量从内到外的表达形态就是符号，也就是一个充满精神意义的物质载体。它既是人们对于世界想象性的构建，也是对于自身理想化的塑造。正是由此出发，人们把符号变成工具，把精神变成物质，去制作一个现实的事物。技术一方面是对于人自身的改造，另一方面是对于世界及其万物的构形。

但无论是人的生理本能匮乏论，还是人的心理能量充裕论，它们最终都必须建立在人的欲望的基础上。正是人的欲望驱动了人的技术的创造。人作为欲望者欲求所欲物，但它既不是现成摆在这里让人直接获取的，也不是人凭借自己的本能而可以将其改造的，而是人要依靠制造和使用工具去生产的。显然人的欲望的冲动彰显了人的生理本能的匮乏，同时也激发了人的心理能量的充裕。可以说，如果没有人的欲望的冲动的话，那么既无人的生理本能的匮乏，也无人的心理能量的充裕，当然也就没有人制造和使用工具去生产物的技术活动。

2. 技术的本性

虽然欲望是人的技术活动的驱动力，也就是技术的根本起源，但欲望的本性既不能代替技术的本性，也不能规定技术的本性。欲望的本性是占有和消费，但技术的本性并非如此，而是制作和生产。技术的本性是超出欲望的本性之外的。但这需要更深入细致的阐释。

其一，技术的人类性。技术作为制作的活动是非动物学性的，而是人类学性的。人们一向把制造和使用工具而去生产物的活动看成是人区分于动物的突出性标志。绝大部分动物不会使用工具，只是利用其身体器官作为工具，如利爪、尖齿等。虽然有些动物偶尔也使用现成的材料作为其工具，如木棍和石块，获得食物和建造巢穴，但并不构成其生活的根本行为。它只是具有个别性，而不具备普遍性。最重要的是，动物根本不会发明和制造工具。部分动物只是会利用一些现成的自然物，不可能生产出自然本不存在的器具。因此动物只是限制于其遗传的本能之中，而不可能超出其外而从事工具的制作与革新。

与此不同，人不仅能够更广泛地选择使用现成的自然的工具，而且会根据自己活动的需要，发明和制造非自然存在的工具。在此基础上，人还能不断地改进和革新工具，从而增强了人改造自然的能力，并促进人自身历史的进步。因此人不仅将自身区分于动物，使自己成为人性的人，而且将自身区分于自身的历史，由旧历史的人转变成新历史的人。正是基于如此的理由，工具的历史成为人类历史的物化形态。虽然我们对于人类历史的划分有多种标准，但其中最主要的标准就是工具。我们往往用某一时代的主要工具来命名这一时代，如石器时代、青铜器时代、铁器时代和机器时代等。

論大道

如果说人是凭借工具而具有区分动物的特征之一的话，那么工具也获得了属人的特性。这就是说工具不是自然，而是文化。因此工具自身是人存在和力量的显示，是历史发展的记录。在这样的意义上，工具是人外在的无机的身体，是物化的人自身。

其二，技术的制作性。技术首先制作一个特别的物，亦即工具，然后使用它而生产其他的物。

技术的制造具有多重意义。首先，它把遮蔽带向显现。自然按照自身的规律在存在和运转，既不以人的意志为转移，也不被人的意识所知晓。但技术打开了自然遮蔽的本性，使之显露出来。人们说，技术具有发明的天性。它不仅是对于某种工具的发明，而且是对于某种自然本性的发明。人不仅知道了自然的奥秘，而且运用它去生产非自然性的物。在技术活动中，自然向人敞开自身的本性并且向人生成，从自在的自然转换成为人化的自然。

其次，它把存在转向变化。技术的活动建立在已存在的基础上，亦即是那已经给予的自然物。没有自然物，技术不可能展开自己的活动。正是自然物提供了技术制造的材料。虽然自然物具有自身固有的质料和形式，但技术通过加工改变了自然的存在，使之成为新的质料和形式，也就是新物。技术不是让自然作为自身存在，而是让其变化，由天然之物转变成人为之物。

最后，它也把虚无变成存在。技术的制作不仅是一种创新，而且是一种创造，也就是能无中生有，把尚未存在的生成为已经存在的。它虽然直接或间接地借助了自然物的质料和形式，但它并非只是对于自然的加工和复制。它所制作的物不是自然自身可能存在的，而是自然完全不可能存在的。因此技术的制作物是对于自然的中断，是它的再造或者重新开端。

　　技术的本性就是制造物。它一方面制造了世界，另一方面制造了人本身。因此技术可以说成是存在的生成。

　　其三，技术的手段性。技术活动中的核心要素是工具。工具当然是一个物，但不是一个一般的物，而是一个特别的物，是一种源于自然但又超于自然的物。基于这样的理由，人们一般不将工具称为纯然之物，而是将它命名为与自然物不同的人工物。

　　但人类所作的人工物品种繁多。其中既有工具，也有艺术作品。艺术作品和器具一样虽然不仅是一个物，而且是一个人工之物，但它们之间具有根本不同的本性。艺术品是一为己之物，不是以他物为目的而存在，而是以自身为目的而存在。但工具不是一为己之物，不是以自身为目的，而是以它物为目的。因此工具包含了自身和它物的关系，也就是手段和目的的关系。

　　工具自身的存在表现为手段。作为如此，它始终源于自身之外的动机，并指向自身之外的目的。这里所谓的动机是人的欲望。它驱使人去制造和使用工具。所谓的目的是所欲物。工具将帮助人去获取它和占有它。通过如此，工具建立了人和人、人和物、物与物之间多样复杂的关系。对于工具这一作为欲望的手段而言，那些它所关联的人和物似乎都是目的。工具既是为人之物，也是为物之物。这就是说，它既充当人的手段，也充当物的手段。在手段与目的的关系中，工具似乎是不重要的，而目的才是重要的，因为目的实现之日便是手段的终结之时。人们既利用工具，也抛弃工具。工具在使用中既生成自身，也消失自身。于是工具不仅需要更新，而且更需要创新。但比起某一相对短暂的动机和目的，工具作为手段却具有更加长远的意义。

　　其四，技术的目的性。从技术自身单独而言，它只是具有手段性，而不具有目的性。但就技术和人的生活世界的关系整体而言，人已经直接或者间接地将自身的目的设入到相关的手段之中，这导致技术既具有手段性，也具有目的性。

技术在具有手段性的同时是如何获得其目的性的？人们并非随意地制造一个工具，而是从自己的欲望出发去制造它。人使用工具是要生产一个所欲物而满足自身的欲望。这决定了工具自身具有意向性。一种工具作为手段就是服务于一种预设的目的的。它是朝向某一物，是为了某一物。正如农具是为了农业种植的，兵器是为了战争杀人的。显然农具和兵器都是手段，自身并不会自动地去种植和杀人。只有为人所利用时，它们才能分别实现自身的目的。农民用农具去种植，战士用兵器去杀人。尽管如此，但农具和兵器自身已经潜在地包含了不同的目的。正如播种机只能播种，而不能轰炸，而核武器只能轰炸，而不能播种。一般人只是看到了使用工具的人所怀有的目的性，而没有考虑到人所使用的工具自身具有目的性。事实上，工具自身的目的性是人在制造它时已经设入其中的，并在使用时表现出来。尽管如此，但作为手段的工具与目的的关系不是确定的，而是非确定的。这就是说，不仅一个手段可以实现多种目的，而且一种目的的实现可以借助多种手段。其中关键点在于制造和使用工具的人。人既可以制造或者不制造某种工具，也可以使用或者不使用某种工具。

技术作为手段不仅有外在的目的，而且有内在的目的。它虽然是由人所创造和使用的，但它并非只是人的附庸，而是自主的，是自我发展的。它具有自身的原则，也就是无限的制作。因此它要求更新、更高、更远、更快和更好，也就是高效率。这导致了技术的命运就是创新和革新。

根据上述的分析，人与技术的关系上就会变得非常复杂，呈现出悖论的情形。一方面，技术是人的工具；另一方面，人成为技术的工具。这就是说，一方面，人是技术的目的，技术是人的手段；另一方面，技术是人的目的，人是技术的手段。

3. 技术的结构

技术是人创造和使用工具生产物的活动。这包括了两方面的内容。一方面是工具的制造及其工艺，另一方面是工具的使用及其方法。它们可以细分为若干个环节，如技术的原理、工具的制造与使用过程、检测与维修等。但无论是工具的制造还是使用，它们都包括了三个核心要素：人、工具和物。

首先是人。人虽然有多重规定，如欲望的人、技术的人和智慧的人。但在技术的生产过程中，人主要不是被欲望和智慧所规定，而是被技术所规定，只是成为一个技术的人。在这种关联中，人单一化为一人力资源，是一个用工具与万物打交道的存在者。一方面，人是工具的制造者，使工具作为一个特别的物成为人自身与万物的中介。他或者直接参与制造，或者间接参与制造。他要发明、改造和革新工具，其目的是要让工具成为利器和神器。唯有如此，工具才能具有更强、更快、更好的功能，能更适宜地加工物。另一方面，人是工具的使用者，探索万物并制作万物。人要熟悉工具的类型和特性，把握操作的工艺流程。唯有如此，人才能成为一个熟练的工具操作者，成为一个技术化的人。虽然人规定技术，但技术也规定人。这意味着，人只有在创造和使用工具时，他才成为其自身，而不是一个一般的动物；只有作为一个技术性的存在者时，他才成为其自身，而不是一个自然的存在者。因此人与技术相互规定。

論大道

一般而言，人都是技术人。每个人都采用不同的方式去创造和使用工具去生产万物而维持自己的生存。根据生产的领域和方式，人可以区分为不同的技术性的工作者，如农民技术员和工人技术员，还有手工制造者和现代技术师，如此等等。

其次是工具。狭义的工具是人活动时所创造和使用的器具，广义的工具指人创造和使用工具去制作万物时所使用的一切手段。工具作为器具是一物，是一现实存在的物，并具有一般物质的属性。它拥有在时空中存在的感性特征，并能为人的感官所把握。在这点上，它和自然界的事物没有什么两样，如同一块石头和木头等。除此之外，它还能被人的身体所运用。人的生产实践活动在根本上是使用工具改造事物的活动。但是工具不同于一自然之物，而是一人工之物。它当然源于自然。没有自然已经提供的物作为原材料，工具的制作就没有一个基础。但一个自然物不可能直接成为一个工具，更不可能成为一个精致的工具。因此人对于自然物必须进行加工改造。一方面，让工具具有的自然的物质特性更加强大，另一方面，让工具的功能更能满足人的需要。一般认为工具只是人的身体和大脑的替代和延伸，但事实上并非如此。工具所具有的可能性刚好是人的身体和大脑所不具有的可能性。工具远远超离了人的身体和大脑限制，把它们的不可能性变成了自身的可能性。作为一个非人的身体和大脑，工具成为人通达万物的道路。它一方面让人走向万物，另一方面让万物走向人。

一个被制造的工具只有在人的使用过程中才能实现自身。它一方面和人发生关联，成为人的身体和大脑扩大化的运用；另一方面和物发生关联，对物进行加工和改造。

人所制造和使用的工具具有多种物的模态，如石器、青铜器、铁器、机器、信息等。如果以机器作为一个分界线的话，那么人们就可以将工具区分为非机器性、机器性和后机器性等三种大的类型。非机器性工具是手工工具，为人的身体所把握；机器性工具如蒸汽机和内燃机是依靠自身的动力驱动，并非人力所为；后机器性工具则是信息技术，如计算机、互联网和人工智能等，是信息的输出、反馈与控制。

最后是物。人制造和使用工具这个特别的物并不是为了它自身，而是利用它作用于其他一般的物，并生产出不同形态的物。与工具所相关的物可分为两种，一种是作为原料。它们是自然物或者是初步加工但仍有待于进一步加工的人工物。另一种是作为产品。它们是已经完成的并能服务于人类的物。

在人使用工具的生产活动中，物只是一个加工材料。它既不是独立自足的、自在自为的，也不是自身封闭的或者遮蔽的，而是为技术打开了其有用性的一面。人们利用工具强化物的有用性，而使其成为一个产品。它是技术生产过程的完成，并因此是技术化的存在者。当然所谓的产品最后都指向人的消费，直接或者间接满足人自己的欲望。

无论是原料还是产品，它们都是物。但这些物都有其不同的存在形态。根据所制作物的种类的不同，技术也相应地区分为不同的形态。物都存在于时间和空间之中，因此技术可相对地分为时间技术和空间技术。前者有钟表等，后者有测量和航天技术等。物也可划分为人、自然、社会等，因此技术也可相应地分为关于人的身体技术和思维技术、自然技术、社会技术等。当然现代技术能把不同的物组合在一起，因此它成为一种综合技术。

三、工具的历史

在技术活动的三个核心要素（人、工具和物）当中，工具占有根本性的地位。作为技术性的人虽然不同于工具，但他是工具的创造者和使用者。一方面，有什么样的人，就有什么样的工具的制造和使用；另一方面，有什么样的工具，就有什么样的制造和使用它的人。因此工具可以说是技术性的人的自身存在的显示和证明。与人相关的同时，工具还与物相关。只有在工具的作用下，一种物才能首先成为材料，然后成为产品。工具是物的制造者，因此是物的本性和形态的规定者。鉴于工具在技术活动中的重要意义，我们有必要探讨工具自身，分析其是如何产生、变革和发展的。我们对于工具的探讨不仅只是对于它自身单一的描述，而且也是对于与它相关的人的分析，此外也是对于那些工具所制作的物的思索。

1. 身体工具

最早的工具并非是人自身之外的某个物体，而就是人的身体自身。身体本身既是欲望性的，也是技术性的。这在于它为自身的欲望提供满足的手段去制造所欲物。当然，身体自身也是一个物，与其他物一起共同存在于生活世界中。但它不是一个静止的物，而是一个活动的物。身体的活动是有意识的生命活动。通过活动，身体与万物打交道。不仅如此，而且它能够作用物并改造物，让一个自然之物成为人为之物。身体作为原初的工具具有如下的意义：首先，它不利用外在工具而是利用自身已有的工具亦即器官去直接把握物，通过生产物并使之成为所欲物而满足自身的欲望。其次，它自身作为原初工具，去制造一个非身体性的工具。它是工具之母，是工具的工具。最后，它使用工具，间接地去改变物和制造物。

人的身体虽然是一个有机的整体，但可分为头部、躯干和四肢。比起身体的其他部分，人的双手作为工具具有特别重要的意义。手由手掌和五指构成，通过上肢的手臂连接到人的躯体。手是人类独特的触觉器官，为其他动物所未拥有。有些动物的前脚虽然也具有某些手的功能，但只能从事简单的抓取活动。而人的双手与之不同，具有敏锐的感受性和灵巧的活动性。这使人手不仅具有肉体的特征，而且具有心灵的特征。日常语言所说的"心灵手巧"表明了双手和心灵虽然有所不同，但却具有内在关联。一颗灵敏的心一定相应会有一双巧动的手。人们甚至认为，手是人的第二个大脑。大脑是能思维的器官，而双手听从大脑的命令而去行动并与它产生互动。手的活动表现为动手，亦即用手去操作事物。人或者直接地用手去接触事物，或者间接地通过另外一个工具去接触事物。从手出发，人去与事物相遇。根据与手的关系不同，人们可以区分不同的事物，如手前的东西和手上的东西。手前之物是摆在人们双手之前的事物。它是在人们动手之前就已经存在的，如各种矿物、植物和动物等，因此是自然物。与此不同，手上之物是把握在人手上的事物。它是只有经过人们动手之后才存在的事物，如石器、陶器和铁器等，因此是人工物。手所把握的事物是多样的，除了人自己，还包括他人，如与人握手、拥抱和爱抚等，此外还关联各种物体。所谓手段是人的手去持段（一种器械），是人把握事物的技术。因此手段就是工具，工具就是手段。不仅手把握的事物是多样的，而且其把握的方式也是多样的。尽管如此，但手段其实只有两种：一种是下手，另一种是放手。下手是人努力去捕捉、改变并占有事物，来满足自己的欲望。放手则是人放弃与事物的密切联系，这或者在于事物已经满足了自身的欲望，或者在于事物无法甚至阻碍满足人自身的欲望。

与手一样，脚也是人非常独特的工具。它是人的身体的最下端，有脚掌和五指，通过下肢的腿部连接人的躯干。它是人身体中最重要的负重和运动器官。人们一向认为，直立是人区别于动物的最明显的身体活动的标志之一。这在于动物不能直立，只能爬行。即使它能直立，但也只是偶发行为。与它不同，人是一个唯一能持续直立的动物。正是直立，才使人由爬起来到站起来，才导致了他的双手的形成和大脑的发达。脚的活动是动脚或者行脚，不仅行走，而且奔跑，从一个地方到达另一个地方，也就是达到自己的目的地。在站立和行走的时候，脚承受着自己的身体的重量。不仅如此，而且它还可能担负着附加在人的身体之上的人或者物体。此外脚还在争斗、武术格斗和表演等活动中起着关键的作用。它既能负载人的身体自身和身外之物，也能保卫自己的身体，踢开那些可能伤害自己的人和物。脚的工具性的意义还被扩大，比喻成人自身的存在的基础。人们说要靠自己的双脚站立和行走。这意味着人不要依靠他人，而要依靠自己；不要依靠外在的工具，而要依靠自己的手段，也就是要独立自主地生活。

除了四肢之外，人的感觉器官也充当了不同角色的工具。人生活在物之中并与物打交道，他的身体始终是和物相关的。人有眼、耳、鼻、舌、身等感觉器官，对应着万物的色彩、声音、气味、味道和形体，并形成了视觉、听觉、嗅觉、味觉和触觉等。通过感觉，人建立了自己与万事万物的关系。一方面，人的感觉投射到万物；另一方面，人的感觉接受了万物。在人的感觉之中，万物不仅敞开了它的本性，而且作用于人的感觉。事实上，感觉促使了人与万物的相互生成。人的各种感觉不仅范围不同，而且其性质也不同。一般而言，视觉和听觉被称为理论性的感觉，而嗅觉、味觉和触觉被称为实践性的感觉。这在于眼睛和耳朵在视觉和听觉中并不直接占有色彩和声音，而让它们保持自身的本性；但鼻子、舌头和皮肤却在嗅觉、味觉和触觉中要直接占有气味、味道和形体，而让它们消失或者变形。

在人身体性的工具中，语言具有特别的意义。就其本性而言，它具有多重维度，但工具性是其最显而易见并被人们注意到的一种。语言的工具性主要表现为：反映、表达和交流等。因此人们可以陈述、疑问和祈使。人们具体的言说行为也是多种多样的，有独白、对话和多人的讨论等。语言言说不仅是在说，而且是在做。这意味着，言说不仅是在陈述某件事情，而且是在制作某件事情。这也意味着，言说不仅是心灵活动，而且是现实活动。语言的制作行为表现在不同领域。首先是对于人的言说。人通过语言命令或者禁止他人从事某件事情。其次是对于动物的言说。人使唤、驱赶动物劳动、载人载物，或者训练动物的行为，指挥动物表演等。最后是对于一般物体的言说。在传统社会里，人使用巫术实现人与物的对话，让物听从人的意愿。但在现代社会里，人借助信息和控制技术达到人机对话，并通过机器去把握物。

2. 手工工具

人的身体作为自身的工具有其天然的限度，手脚等身体的器官不仅只有一定的力量，而且受制于一定时间和空间中的条件。这就是说，它们对于许多物的生产是无能为力的。在发现身体性工具不足时，人开始寻找并借助身体之外的工具。这些是现成的自然物，如石头和木头等。当人们使用它们去加工其他物的时候，它们就改变了自身的身份，成为自然工具。凭借它们，人们克服自身身体的功能的限制，更好地向事物施展自身的力量，而达到自身的目的。但正如人的身体工具一样，自然工具也有其天然的限度，不能应对事物的多样性和复杂性，而效劳于人自身的欲望。这样一种单纯对于自然工具的使用还不足以构成人与动物的根本区分。

只是火的使用才是人的物质性工具活动的开端。火的基本特性是燃料的燃烧。所谓燃料是能燃烧的物质材料，既包括了草木，也包括了某些化石。它的燃烧产生火。自然的火是雷电击中草木所导致的，或者是燃料在适当的情形下如天气的高温所爆发的。火一方面提供了光明，另一方面提供了热能。但燃料在燃烧的过程中将自身化为了灰烬，甚至变成了空无。人们在长期的生活过程中，对于自然燃烧的火不再只是惊讶、畏惧和逃避，而是逐渐学会了利用它，为自己的生活服务。人不仅会利用自然的火，而且还会保存它，让它作为火种能够延续一段时间。尽管如此，但自然的火有其天然的缺陷，有其时间、空间的限制。为了克服这一困境，人们就必须不仅能利用和保存现成的火，而且能生产人工的火。基于这样的需要，人要制造并使用取火的工具。首先，人们选择适宜人工取火的材料。通过比较，人们发现最佳的物体是干枯的木头。其次，人们发明钻木的工具，亦即用坚硬的物体打磨成的钻子。通过高速和持久地钻木，人们使木头发热而产生火苗。钻木取火这一技术的运用让火超出了特定的时间、空间的范围，随时随地地能够进入到人的生活之中并为人所用。

人工火的发明和使用是在整个人类文明历史中具有开端性的事件。它照亮了黑夜，让人和万物在光明之中能显现出来，让人能看见和让万物能被看见；它驱赶了野兽和鬼魅，使之不能侵害人及其家园；它召唤了神灵，让他在场，保佑人的性命。总之，火开辟了人生活的新天地，建立一个新世界。

不仅如此，火还塑造了人自身。火的热量能够让人抵御寒冷，保持身体的温暖，度过漫漫的冬天和寒夜，而不至于被冻死。最重要的是，火改变和创新了人的饮食习惯。人们通过烹饪让生食变成熟食。比起生食，熟食更加美味、健康，也更加容易消化。火在改变了人的饮食的同时，也改变了人的身体和心理，让他进一步地远离动物的动物性，而达到人类的人类性。在人类学的意义上，未使用火的茹毛饮血般的生食和使用火而烹饪的熟食的差异，不仅是动物和人的对立，而且也是野蛮和文明的对立，因而也是自然和文化的对立。

火的利用不仅提供了满足人的基本欲望的新的方式，而且也强化了人对于自然材料的加工。这就是说，火能让人更加便利地去制作物。这在于它具备神奇的功能。一方面它能使有变成无。一切可燃烧的物在火中均烧光了，烧没了，从而改变了自己的存在本性和形态。另一方面它又能使无变有。一切不可燃烧的物在火中产生了原先所没有的特性，甚至形成了新的物。火能改变物的存在形态，使脆弱的变成坚硬的，也使坚强的变成脆弱的；使固体变成液体，又使液体变成气体。正是有了火的烧制，人们才能让陶土变得坚固，而生产出陶器；也正是有火的冶炼，人们才能让铜矿提炼出铜材，并生产出青铜器。这些器具或者是人类日常生活和生产不可或缺的工具，或者是保卫自己而抵御敌人和野兽的武器。

在利用火的基础上，人开始广泛地制造和使用人工工具。这经历了一个漫长的发展历史。根据工具的材料特性，人们可将其区分为如石器、陶器、青铜器和铁器等。石器是人们对于现成石头打磨而成的器具。一种石头是否能成为石器，关键在于其自身的硬度和形体。在此基础上，一方面，人们要考虑其便利对于物的加工；另一方面，要考虑人便利对于它的把握。在石器之后，人们发明了陶器。人们将陶土制成不同的器皿，然后置于窑内，用高温烧制而成陶器。比起石器，陶器更能如人所愿，更能为人所用。在陶器之后，人们制作了青铜器。人们在冶炼红铜时加入了锡矿，这样既使之容易熔化，也能让其产品亦即青铜更加坚硬。基于青铜的这一特点，人们制造了大量的金属器皿，包括日常用具、礼器和兵器等。比起青铜器，铁器更具有广泛性。铁矿更多，铁器更锋利。因此铁器逐步取代了青铜器，成为人类历史上最主要的工具。它不仅遍及日常生活、农业和工业领域，而且成为主要的军事武器。

这些工具虽然使用不同的材料，但都有一个共同的特点，不是自动的，而是他动的，因此需要一个外力的驱动。它最直接的外力是人力自身。人依靠自己的身体推动工具的运行。为了减轻人力的负担，人们还采用畜力。经过人工驯养的牛马是最主要的驱动工具的动物。此外人们还借助自然力，如水力和风力等。最常见的工具就是水力和风力推动的磨坊的磨具。不管是人力工具还是畜力工具，或者是自然力的工具，这些形形色色的工具仍然最终为人的双手所把握，因此它们在本性上依然是一种手工工具。在工具的制造和使用过程中，一方面是人对于自然物质的发现和生产，另一方面是人对于自身技能的培养和力量的发展。

3. 机器工具

在工具制造的历史中，具有划时代意义的事件是从手工工具到机器工具的革命。

一切工具其实都可以称为机械，甚至包括我们每天必须使用的饮食工具，如筷子和刀叉等。但机械可以分为单一机械和复杂机械。单一机械是简单机械，而复杂机械是由两种或者两种以上的单一机械所构成。机器正是复杂器械。它是由不同部件组成的运动整体装置，并能代替人作用于其自身之外的物体。人使用机器虽然也是在使用一个工具，但是在使用一个特别的工具，即控制一个自动装置去生产物。

与简单的机械不同，机器的根本特性是零部件的集合装置。它一般由动力部分、传动部分、执行部分和控制部分组成。动力部分是机器的能量的来源，将各种不同的能源转化成机器能，而成为动能。传动部分是中间装置，将动力部分的动力传递给执行部分。执行部分是作用、加工和生产物体的部分。控制部分是控制机器的启动、停止和转变的部分。机器的零部件虽然各有确定的相对运动，但会产生密切关联。当一个零部件运转时，其他相应的零部件也会随之运转。

机器不仅具有复杂性，而且具有自动性。一般的手工工具是被人的身体所操作的，因此工具是绝对被动的，人是绝对主动的。工具不是自动的，而是它动的，只有借助于它力才能运动。一般轻松的工具的运作可以直接凭借人的体力，亦即手脚的力量。但一些繁重的工具的运作是人的体力无法胜任的，因此只好借助人之外的它力，如牛马的力量、水力和风力等。但现代的机器是自力，自身具备动力，如蒸汽机和内燃机等。机器通过特别的设备将各种能源，如蒸汽、热能和电能等转化为机械能，从而获得了自身运转的力量，并且能推动其他设施从事加工和生产。在机器的历史上，有两次能源的革命。一次是蒸汽能，另一次是电能。

随着机器成为自动的运转，人在使用机器过程中角色也发生了根本性的变化。他由推动工具变成控制工具。当人使用身体工具时，他的手脚自身就是工具，直接去生产物。当人使用手工工具时，他直接把握工具，通过工具间接地生产物。尽管手工工具有许多种类，但它们要么是人用手去操作的，要么是用脚去推动的，此外还有人的身体整体去参与的。尽管手工工具是一中介，让人与所制作的物之间构成间接的关系，但在实际上正是它将人与物连在一起。人通过工具去改变物，而物通过工具被人所改造。但与身体工具和手工工具不同，机器工具使用过程中的人主要是去控制。一方面，人远离了所制作的物，他们之间不存在直接的关联；另一方面，人也不与工具合为一体，机器是相对独立的、自主的。人作用于机器的工作主要是控制。这表现为三个方面：一是人启动机器，让它自身开始运转；二是人调控机器，让它的功能变大变小，速度变快变慢；三是人关闭机器，让它停止运转。在这样一种对机器的控制活动中，人把对于物的制作活动完全交付给了机器。这就是说，人只是控制机器，而不直管物；而机器只听命于人，而去制作物。

机器工具的发明和使用当然改变人了人本身。它能替代人的手脚去劳动，完成制作物的事情。这样机器大大解放了人的身体。人的手不用去把握工具去生产物，人的脚不用推动工具去制作物，人的躯体不用承受沉重的担子，如此等等。这避免了人的劳累、痛苦以及由于过度体力劳动所导致的疾病甚至死亡。相反，在对于机器的操作过程中，人感到了身体的轻松和愉悦。

机器不仅替代人的身体，而且超越人的身体。人的身体由血肉构成，有其天然的生物学和生理学限度。但机器一般由钢铁构成，由此它对于物的作用不仅胜过人的身体直接对于物的作用，而且也胜过人运用手工工具对于物的作用。机器比人的手更有力，如挖掘机、起重机和运输机等所具有的力量；比人的腿更快，如汽车、火车、轮船、飞机所运行的速度；比人的身体更有承受力，如一些特别机械可以在水下、洞中、极热和极冷的环境下工作。不仅如此，而且机器还能完成身体无法想象和实现的事情。人的身体不能飞翔，但飞机可以让人们在天上旅行；人的身体不能长久潜入深水，但潜艇能够让人在水中航行。如此等等。

机器虽然能替代和超越人的身体，但并非离开人的身体而去，相反始终保持和它的密切关联，成为它的一部分。它是人的无机的但是能动的身体，是人的无感觉的但能活动的器官。在现代，离开了机器，人就无法展开他现实的生活。人被机器化了，人的身体只有借助机器的运作才能和世界万物打交道。如人使用各种家用电器，服务于自己的日常生活；人通过固定和移动电话和不在场的他人交往；人乘坐汽车和其他交通工具，从一个地方到达另一个地方。

机器不仅根本地改变了人自身，而且也根本地改变世界。比起人自身的身体工具和手工工具，机器使人更大可能地加工物和制造物。

现代机器遍及人类生活世界的一切领域。除了个人和家庭所使用的机器之外，还存在许多机器类型。首先是生产能源及其转换的机器。一方面，人们将热能、化学能、原子能、电能、流体压力能等转

論大道

换成机械能；另一方面，人们将机械能转换成所需要的其他能。正是各种能源才能使世界转动起来。其次是生产产品的机器。这包括农业和工业等重型和轻型机械，它们制造了各种各样的农业和工业的产品。其中有的成为生活资料，有的成为生产资料。再次是各种服务的机器。这包括日常家用、运输、环境等方面的机械。它们服务于人的生活和生产。最后是军事机器。各种机器武器能使战争的杀伤力更加强大。这种种情况表明，不仅人机器化了，而且世界机器化了。通过机器的制作，世界不再只是自然的造化，而是成为机器的产品。

机器改变了现实时空。世界有其既定的时间和空间。但机器在两个方面设定了人在时空中的生活。一方面，机器缩短了时空。人们以前步行或者骑马需要花数月乃至数年才能到达的地方，现在乘坐喷气式飞机只需数个小时就可以穿越。空间距离变短了，时间速度变快了。另一方面，机器扩大了时空。正是因为机器缩短了时空，所以它才能扩大时空。人们能够到达更远的地方，不仅通过一般的现代交通工具能够涉足地球上的大部分地方，而且凭借运载火箭能够飞越太空，降落地外星球。同时时间变多了，有余了。人们可以去从事更多的生活和生产活动。

机器不仅改变了人所在世界存在的时间和空间，而且改变万物自身的存在状态。人以身体作为工具的时候，他主要是抓取物，而不是制作物。人使用手工工具的时候，他不仅能抓取物，而且能制作物。但是其制作的质量和数量是有限的。与上述不同，机器的制作物发生了根本性的改变。无论是物的质，还是物是量，它们都达到了一个前所未有的高度。就质而言，机器能彻底地改变物的本性；就量而言，机器能关涉到一切物。鉴于机器制作物的这一特性，我们甚至可以说，机器不仅超越了人，而且超越了天，超越了神。

4. 信息工具

在机器革命之后，人类完成了第二次技术革命。它主要包括信息技术和人工智能等。

虽然我们所处的时代有许多独特的标志，但技术化无疑是其最具代表性的标志之一。如果只是从技术的角度来看的话，那么这个时代并非是一般的技术时代，而是高新技术时代。为何是高新技术？这在于不同于过去的低端技术，现在是高端技术；不同于过去的陈旧技术，现在是创新技术。高新技术所包括的工具的制作和使用虽然多种多样，遍及人类生活的一切领域，但其最核心的技术只有几种，并在不同的时期都有所变化。

20 世纪上半叶最典型的技术是原子（核）技术、生物技术和信息技术。核技术是以核性质和核反应为科学基础，以反应堆和加速器为工具的技术。其广为人知的是核电站、核医学和核武器等。核能具有巨大的惊天和惊人的能量，既有创造性，也有毁灭性。就创造性而言，核电站能提供高效、清洁甚至安全的能源；就毁灭性而言，核武器能轻易地让一个城市或者地区变成废墟。生物技术是利用生物学科学原理和利用生物体来生产相关产品的技术。它包括基因工程、细胞工程、蛋白质工程、酶工程和生化工程等。它不仅改进了植物和动物，而且改进了人本身。信息技术是对于信息处理的各种技术，当代主要是计算机技术和通信技术。它相关于信息的生产、加工、储存、变换、显示和传输等。它既打开了人与人之间的窗口，也开辟了人与万物之间的通道。

但 20 世纪下半叶最主要的技术则有所不同，转变为空间技术、能源技术和人工智能技术。空间技术是探索和利用宇宙空间亦即太空和地球之外的天体的技术。它让人类超出了在地球之上的有限空间，开辟了地球之外的无限空间。基于空间技术的发展，人类不再只是地球人，而也可能成为其他星球的人。能源技术实际上是新能源技术，以区别于旧的能源技术。它主要包括核能、太阳能、地热能、海洋能等的开发和利用的技术，从而打破了传统以化石燃料（煤炭和石油）为主的限制。新能源技术既能使能源取之不尽、用之不竭，也能使之安全和环保。人工智能技术是信息技术和其他高新技术的综合运用的技术，是对人的思想、语言和行为进行模拟、扩展和延伸的技术。它包括机器人、语言识别、图像识别等。

到了 21 世纪，人工智能技术占据领先地位。除此之外，主要的技术还包括基因技术、纳米技术等。基因技术是生物技术的一种，是探索和重组生物基因的技术。基因由生物细胞内的脱氧核糖核酸组成，它的不同排序决定了生物遗传变异的特征。通过对于生物特别是人类的基因密码的破译，人能够制作出新的生物和新的人的生命，并能控制其生老病死的过程。纳米技术是现代技术的综合运用，用原子和分子制造结构极小的材料，因此也叫毫微技术。它将在根本上改变人们对于材料的生产和运用而能制作出全新的产品。这些产品设计更方便、重量更轻、硬度更强、寿命更长。

在这些众多的现代技术中，信息技术毫无疑问是最重要的。原子技术、生物技术、空间技术、能源技术、基因技术和纳米技术等都离不开信息技术的支持，它们或多或少、或直接或间接都运用了信息技术。至于人工智能技术和机器人技术其实都是信息技术的发展和延伸，属于广义的信息技术。

但什么是信息？信息是事物的存在的符号表达及其传递，这些符号包括文字、数字、图像和声音等。其实自然中就有最原初的信息活动，如飞鸟的鸣叫、走兽的吼叫等。但这些只是鸟兽本能的行为。与动物不同，人作为工具的创造者和使用者，也是信息的创造者和使用者。他制作、发出并接收信息。在众多信息形态中，语言无疑是其中最重要的一种。人发明了语言，向他人言说，并倾听他人的言说，由此产生交流。这是人类最基本的信息活动。但长期以来，人类的信息活动特别是语言活动只是一种自然的状态。这就是说，它要么依靠人的身体自身，如口舌的呼叫，要么依靠简单的手工工具，如手笔的书写等。因此人类一般传统的信息活动还不是一种现代意义的信息技术活动。信息技术活动在根本上是由计算机处理并通过通信设备传播的。在这样的意义上，不是人在制作信息，而是机器在制作信息。从传统信息活动到现代技术的转变是人到机器的转变。

既然语言是诸多信息形态中最根本的一种，那么最主要的信息制作便是语言的制作。根据一般性的分类，语言的存在形态可以分为三种。第一种是日常语言。它是人在日常生活中使用的语言，是人的存在的直接表达。第二种是人工语言。它是人对于日常语言的加工改造，因此是一种人为制造的语言。它在历史上表现为各种理论的语言，在当代表现为信息语言。第三种是诗意语言。它是对于日常语言的本性的回复和升华，因此是一种纯粹化和凝练化的语言。作为人工语言的信息语言，它既不同于日常语言的自然形态，也不同于诗意语言的存在的显示，而是被技术化，亦即被制作的语言。

信息语言的技术实际上是关于人工语言的编码和解码的制作。编码是将信息从一种形态转换成另一种形态，亦即将非形式化的语言形式化，使之可以成为便于人操作的手段。解码是编码的逆过程，让其还原为编码前的形态，而便于人能理解其内容。信息语言的制作有一套系统，包括了不同的环节：生产、发出、接受、反馈等。信息的传递不仅只是充当人的手段，而且也是朝向一个最终目的：控制。这就是说，人们通过信息的传输而控制人和物。信息的控制使人类在现代生产中完成了语言和现实之间对立的克服，而使语言变成了现实。因此人们习惯将信息论、系统论和控制论置于一起。这三者虽然各自重点有所不同，但具有不可分割的关联性。信息有其系统，并要实现控制；系统是信息传递的系统，也要达到控制；控制是人通过信息并对于其系统的控制。这三者虽然看起来有所分别，但实际上又同属一体。

信息技术是人类工具历史上一场颠覆性的革命。与机器工具不同，信息工具不再是人的身体而是人的大脑亦即智能的替代和超越。信息的处理者即计算机不仅能够如同人脑那样去计算，而且也能够超过人脑那样去计算。因此计算机成为与人脑既相同又不同的电脑。随着互联网和物联网的建立，电脑不再是死脑，而是成为活脑；不再是有限的大脑，而是成为无限的大脑。信息网络不仅建立了人与人的关系，而且建立了人与物、物与物的关系。通过人与万物的相互关联，信息技术所关涉的不只是世界的某一领域，而是一切领域。

在信息技术和其他现代高新技术的基础上，人们又发展了人工智能技术。人工智能不是人自身所拥有的智能，不是人天生的并在社会活动中不断生成的，而是人在物上亦即在机器上所创造的非自然的智能。人工智能技术是研究并开发一种与人的智能相似的机器智能。它首先是模拟人的智能。这既包括结构性的，也包括功能性的。其次是延伸人的智能。它把人在时空限制下的智能扩展成不受时空限制的智能。最后是超越人的智能。它通过破译人的智能的密码，让智能自身无限地发展。人工智能在本性上不仅是类人的技术，而且是超人的技术，要超越人类而去。因此人工智能技术成为了一门走在其他技术前而跨越人与物的边界的冒险技术。

在人工智能技术中，最值得人们关注的是机器人技术。广义上说，一切人工智能的机器都可以称为机器人。但一般所说的机器人是指具有自主性的机器个体。专业机器人只从事某种专业的工作，而通用机器人则能从事更广泛的活动。显然机器人不是人，而是机器。它虽然是一个人造的物，没有生命的机能，但是它具有类人的存在特性，如智能、意识、思维和自我等。作为自动执行工作的机器装置，机器人既能够服从人的命令而运行，也能够按照预先编排的程序而活动，还可以依据人工智能的设计的基本原则而灵活行动。机器人的活动一般由执行、驱动、检测和控制几个部分组成。过去人的智能所能从事的事情，现在则转变成了一个物——人工智能所能从事的事情。

机器人正在不断完善自身，也就是不断对于人的智能进行模拟、延伸、超越。它不仅能依据统计数据从经验中学习，而且能达到不依据于量变而实现质变，产生灵感和顿悟，从而进行创新与创造。这意味着它既能连续性地学习，也能跳跃性地学习。在此基础上，机器人不仅有认识，而且有意志与情感。它成为一个无机的人，不仅有类人的身体，而且有类人的心灵。

当机器人超过人的智能的时候，它就会与人分离，而去与人竞争和挑战。它不仅会脱离人的控制，成为独立的存在者，而且可能成为人的威胁者和胜利者。因此机器人技术作为当代人类的冒险技术不仅会超过人类，而且会反对人类，最终还会谋杀人类。这表明机器人技术正走在从类人到超人、甚至反人的道路上。它作为对于人与物的边界的跨越给人类带来了危机：既是一种危险，也是一种机遇。

論大道

鉴于这种危机，人们制定了机器人三原则：第一，机器人不得伤害人类；第二，除非违背第一条原则，机器人必须服从人类的命令；第三，在不违背第一和第二原则的情况下，机器人必须保护自己。

但这一切的前提是人能够控制住机器人。这就是说，人能命令机器人，机器人要听从人的命令。当然人的命令也要区分：什么样的命令？它一方面要保护人类，另一方面要保护机器，此外它还要保护自然万物。但这又设置了一个前提，人能够控制住技术。如果人不能控制技术的话，那么他就不能控制机器人。一旦机器人脱离了人的控制，它就无法控制自己。在这种情况下，机器人不可避免地成为人类命运的威胁。

从手工工具到机器工具再到信息工具，这就是一部工具发展与变革的历史。它不仅是一部自身的历史，而且也是一部技术的历史。它不仅是一部造物的历史，而且也是一部人类文明的历史。工具的历史永远不会终结，而是会不断创新。

在前机器时代，技术亦即对于工具的创造和使用只是表现为技艺或者技能。它主要是人用手直接或间接与物打交道的过程。作为手工的活动，技在汉语中就被理解为"手艺"或"手段"。那些掌握了某一特别手艺的手工活动者成为了匠人。手是人身体的一部分，技艺因此依赖于人的身体且是身体性的活动。但人的身体是有机的自然，是整体自然中的一个部分，技艺因此是依赖于自然的活动。这使技艺自身在人与物的关系方面都不可摆脱其天然的限度，即被自然所规定，受制于空间、时间和物体的强度等。

在这种限定中，人不是作为主体，物不是作为客体。于是人与物的关系不是作为主客体的关系，而是作为主被动关系。人在技艺的运用过程中要么让自然生长，如农业和牧业，要么让自然变形，如建筑，以此达到人自身的目的。

　　尽管如此，技艺作为人工要合于自然，即人的活动如同自然的运动，如人器合一。这也导致由技艺所制作的物虽然是人工物，但也要仿佛自然物，即它要看起来不是人为，而是鬼斧神工，自然天成。由此我们可以看出，一般所理解的技艺是被自然所规定的人的活动。但这种技艺依然不是自然本身，相反它会遮蔽自然，因此它会遮蔽物本身。

　　在机器时代和后机器时代，技术的意义发生了根本的变化。与古代的技艺不同，一般现代的技术指的不是手工制作，而是机器技术和信息技术。在从手工操作到机器技术的转换中，人的身体在技术里逐步丧失了其决定性的作用。而在信息技术中，人不仅将自己的身体，而且将自己的智力转让给了工具。因此现代技术远离了人的身体和人的自然，自身演化为一种独立的超自然的力量。技术虽然也作为人的一种工具，但它反过来也使人成为它的手段。这就是说，技术要技术化，要从人脱落甚至离人而去。

　　作为如此，现代技术的技术化成为了对于存在的挑战和采掘，由此成为了设定。人当然是设定者，将万物变成了被设定者；同时人自身也是被设定者，而且比其他存在者更本原地从属被设定者整体。这个整体就是现代的技术世界。世界不再是自然性的，而且自然在此世界中逐渐消失而死亡。技术世界的最后剩余物只是可被设定者，或者是人，或者是物。作为被设定者，人和物都成为了碎片。而碎片都是同等的，因此也是可置换的。

　　在这样的意义上，现代技术的本性已不是传统的技艺，也不只是人的工具和手段。它成为了技术化，成为了技术主义，也由此成为了我们时代的规定。

四、技 术 的 制 作

技术不仅是科学技术人员在实验室里的操作，而且也是人类最基本的存在活动之一。一方面，人将特别的物制作成工具；另一方面，人用工具将原料制成产品。

技术的生产过程一般包括了采取、加工和控制等环节。

第一是采取。它是人利用工具向自然采取物，使之成为了原材料，甚至直接变成可使用的产品。

农业的采集、狩猎是采取活动的最原初和最直接的样式。人不仅采集植物，而且狩猎动物，用来供自己食用和穿戴，或者作为其他的生活用品。植物和动物是自然中现成的，人使用不同的工具将其获取。如人用镰刀收割植物，用弓箭猎取动物，用渔网捕获鱼虾等。这些采取物成为了人的生活资料。

比起农业的采集和狩猎，工业的采取当然更加具有复杂性。它开启了隐蔽的自然，敞开了封闭的自然。其主要形态是采矿，包括对于一切金属和非金属矿的采掘。农业的采取物一般都在地表，但工业的采取物一般都在地里。因此工业的开采有一个循序渐进的过程。它首先是对于隐蔽的矿物的勘探和发现，然后才是其开掘和选择，最后是其运输。

第二是加工。采取只是获得了一定的天然的原料。对于这些原料，人们还要做进一步的技术处理。加工是人利用工具并通过一定的程序和方式将材料制作成产品。这包括一系列的步骤：粗加工、精加工和制成器物。

技术的加工是对于物的改造。一般而言，物可以区分为质料和形式。质料是物的实体和本性，决定了一个物是什么。由此一个物是其自身，而不同于其他物。而形式是物的结构和样式，决定了一个物如何是。一个自然物有其现成的质料和形式，但对于人而言，它们只是有待加工的材料。

当将材料制作成产品的时候，人首先考虑的是其功能，也就是其对于人与物的有用性。正是从功能出发，人对于材料进行加工，即对于它在质料和形式两方面从事改造。因此加工既是变质，也是变形。

一方面是质料的改变。物的质料可能是单一的，也可能是复杂的，并由此具有杂质。为了让质料更加纯粹，人们就必须通过技术手段去掉杂质。如人们用高温冶炼，从金属矿物中去掉矿渣，提炼出高纯度的金属。不仅如此，而且人们还将不同的质料组合而形成新的质料，如不同金属按一定比例而冶炼成合金。

另一方面是形式的改变。在制作物的质料的同时，人也制作了其形式。形式性是人对于器物的赋形。一个器物的形式并非是可有可无的，而是源于其物性和人性的需求。因此一个器物的形态、色彩和声音就是这个器物自身存在的显现。加工不仅改变了材料原有的存在结构和样式，而且赋予了它新的存在结构和样式。物的结构和样式是被其功能所决定的，也就是说它要便于被人所利用和操作。随着形式的改变，同一质料的物具有不同的功能。

通过对于质料和形式的改变，技术实际上将一个旧物制作成了一个新物。比起旧物，新物具有新的质料和形式，并且具有独特的功能，而满足人的欲望。物的质料性和形式性决定了其功能性或者有用性。例如，只有铁的重量才能使铁锤去敲打另外一个物，也只有铁的坚硬和锋利才能使铁刀去劈开另外一个物。与此同时，只有具有铁锤形态的铁才能最好地敲打，也只有具有铁刀形态的铁才能最好地劈开。

此外技术所加工的物还具有人性的意义。在基于物性的同时，人们也考虑工具使用的人性因素。工具是被人所使用的，因此不仅相关于人身体，而且相关于人的心理。这些工具一定是人可以把握、操作和控制的。同时它包含了人的生活世界的存在状态。一个物不是孤立的，而是相关于人的世界的。因此每个时代的物都有其独特的意义而具有历史性。人们可以说，自然物是没有历史的，而技术物是有历史的。正如一块石头是没有历史的，而一把石斧却是有历史的。由此而来，技术所制作的物的质料与形式也被人的生活世界的意义所灌注。

第三是控制。在采取和加工物的过程中，人们根据制作的规则操作整个制作的程序。这首先是人对于自身的控制。人要具有采取和加工物的能力。其次是对于工具的控制。人对于工具的操作要遵守严格的工艺流程。最后是对于物的控制，包括其数量和质量。当然这种种形态的控制依然是在信息系统中完成的，其中包括了控制、反馈和再控制的互动。

技术的控制不仅实现于对于物的采取和加工之中，而且也实现于对于自然现象的抗争之中。自然有其自身的规律，亦即因果律，并产生了许多事件。其中有些是有利于人类的，有些是有害于人类的。遵循趋利避害的原则，人类也利用技术控制自然。最典型的案例是人们修筑河坝，兴修水利工程。它既可以防止洪水，让人们免受生命和财产的危害；也可以防止干旱，用水来灌溉农田，让人畜解除干渴，此外还可以用来发电和改善航运等。人类对于自然的控制还包括了防雷和防震等。

人们除了对于自然进行控制之外，也对于社会进行控制。社会虽然也遵守因果律，但它基于自由的活动能够生成非自然的原因，并导致非自然的结果。这使社会发展具有了多样的可能性和复杂性。对此人们也需要通过技术对于社会进行控制，使之走在正确的可持续发展的道路上。例如，根据一定的自然的和社会的条件，人们必须实施人口控制，采取计划生育。当人口超出了现实的负荷时，就要减少人口；当人口不能满足生活和生产的需要时，就要增加人口。与此相应，社会控制还包括对于疾病的控制。一种流行性的疾病不仅会危及社会的健康和安全，而且会导致种族的危机。此外资源控制和环境控制也是保障社会发展的关键之一。

通过采取、加工和控制，技术制作了万物，亦即一切存在者，包括自然与人自身。

技术当然首先制作了自然。自然物虽然是技术制作的基础，但技术绝对不是对于它简单的模仿和复制，而是对于它的改造和创新。如果说天地万物是第一自然的话，那么技术则是第二自然。它是在自然物基础上制造的人工物。人们通过农业技术获得产品，如种植收获农作物，如养殖收获肉禽等产物。人们还通过工业技术制造各种产品，如各种生活资料和生产资料。现代高科技则生产了许多与人的身体和智能相关的产品。不过技术不仅从自然中直接或者间接地获取产品，而且或大或小地改变自然本身。对于技术而言，自然不再是上帝的创造物，具有神性的意义，也不是天地的自行给予，自足自在。相反技术通过发现自然的规律，使它完全成为了人的制作物。由此技术仿佛是另一个上帝或者天神，可以创造并毁灭一个自然。现在的原子技术、生物技术和信息技术已经充分凸显了技术对于自然制作的能力。

論大道

技术不仅制作了自然，而且制作了人自身。人一般分为身体和心灵两个部分。技术制作了人的身体。人一向被看成是上帝所造和父母所生，因此人的身体的神圣性不允许它有任何改变。但现在我们可以通过医疗技术设计制作器官，乃至重塑性别。基因编辑技术在生育中的使用将可以人为地变更婴儿的遗传基因。克隆技术在人自身的实验将使人成为真正的上帝，按照自己形象造人。技术不仅制作人的身体，而且制作人的思想和语言。现代信息技术亦即通讯和传播技术也是形形色色，如广播、电视、电话等。互联网技术的高飞猛进使通讯和传播技术的单一性变成综合性。它如同一张无形的天网而遍及世界的每时每处。信息技术夜以继日所制造的信息语言渗透到日常语言之中，从而规定了人的思想及其表达。技术制作了人的存在方式。无论是人与人打交道，还是人与物打交道，都离不开技术的支撑。这使技术的统治不仅遍及于自然，而且延伸到人类；不仅贯穿现实，而且触及心灵。

通过对于物和人的制作，技术制造了整个世界。世界不是其他什么东西，而就是人与物的聚集。但技术时代的人与物都是被制作的，也就是说都成为了产品。在市场经济社会里，这些产品是可以买卖的，由此就成为了商品。当然也有少数的不是作为买卖的，而是作为馈赠的和被馈赠的，由此就成为了礼品。世界作为产品的聚集意味着它是被生产出来的。它不再是自然化的世界，而是技术化的世界。

第四章

大　道

一、何谓大道

　　在生活世界中，人从欲望出发，运用技术，亦即创造和使用工具去生产出一个物，来满足自身的要求。但不论是欲望还是技术，它们都需要大道指引。不仅欲望和技术都不能单独依靠自身活动，而且它们两者也不能相互活动。这是因为它们会形成自身的单维化和极端化，而导致自身和生活世界的危机。唯有大道才能让欲望和技术的活动运行在正确的道路上。虽然人的欲望不同于动物的欲望，同时人对于工具的运用也不同于动物对于工具的运用，但人和动物在这两方面都有许多相似的情况。正是大道将人与动物完全分离开来。在这样的意义上，既不是欲望，也不是技术，而是大道才是人的真正的开端。它让人作为人，而不同于动物。

　　何谓大道？大道或者道虽然有很复杂的语义，但其直接和直观的意义就是道路。从字面来说，大道是一条道路。但它不是小的道路，而是大的道路。这里我们需要追问：道路自身是什么？汉语的道意味着：人所行走的路和人行走在路上。由此可见，道自身包含了人与路的不可分割的关系。路是人所走的路，人是行路的人。没有人，就无所谓可行走的路；没有路，也无所谓行走的人。在此基础上，道还意味着：人的头脑在行走。这就是说，大脑带领人的身体行走。在人行走在道路的活动中，大脑起着规定性的作用。没有大脑的指引，人的眼睛就不可能看清道路，辨明方向；人的双脚也不可能行走在正确的

論大道

道路上，而会跌倒或者偏离。

让我们看看现实中呈现的道路。它是大地上一个地方，并与其他地方相关。但与其他地方不同，它是被人开辟成平坦的线形的地段。人们能够在它上面行走，从一个地方到达另一个地方。但道路的种类并不是单一的，而是各种各样的。从其功能来说，它或者是人所居住的房子内外的各种过道；它或者是社区或者城市的各种街道；它或者是田野小道，在原野上依照地形自然延伸，让人在其上漫步或者奔跑；它或者是高速公路，用混凝土和沥青铺就成的宽阔的路面，让汽车在其上从一个城市奔驰到另一个城市。从其形态来说，它或者是笔直的，或者是弯曲的；或者是交叉的，或者是环形的。

虽然在人的一切活动空间中存在无数的道路，但是大地上原来本无路，只有高山、平原和河流，也只有泥土、石块和草木。即使大地上有一些自然性的道路，如山溪、河流及其两岸的边缘，便于人们行走，但它们也需要人的改造，才能成为真正可通行之处。因此大地上的路是人披荆斩棘开辟出来的，正如古人所说：筚路蓝缕，以启山林。人们在没有道路的地方修筑了道路，也正如人们所说：逢山开路，遇水架桥。即使是水上的航道和天上的航线也绝不是一个完全由自然现成提供的，而是人所规划设计的。

虽然道路是人开辟的，但这并不意味着人可以随心所欲地修建道路。在根本上说，人并不能单纯从自身出发决定道路可修或可不修、可宽或可窄、可直或可弯、可长或可短等，而是相反，人要遵循道路自身的规定去开辟道路。这一规定不仅使一条道路是否能成为一条真正的道路，而且使之能成为一条什么形态的道路。规定何以能够成为规定？这在于天与人，亦即自然与人的约定。这一方面是自然地理的可能，另一方面是人类生活的需要。就前者而言，有的地方适宜修建道路，有的地方不适宜修建道路；就后者而言，有些地方是人的生活必经的，有些地方是人的生活不曾涉猎的。只有当某些地方既是人生活必须经过且适宜修建成道路的地方才可能最终成为一条道路。在这样的意义上，我们可以说道路既不是自然天成的，也不是人工建造的，而是它自身开辟的，是自身延伸的。虽然道路开辟自身的道路必须借助于人的筑路，但人的筑路活动是按照道路指引的一种活动。这并非否定人建筑道路的作用，而是强调人不是道路的规定者，道路才是人的规定者。

当然道路不仅需要通过人才能开辟其自身，而且需要人在其上行走。只有当一条道路能被人行走的时候，它才是一条真正的道路，否则就成为了一个荒废的地方。人在道路上行走并非是停留在某一站点，而是从一个地方达到另一个地方。这看起来在人行走的时候，道路也在随着他在延伸。但在事实上，人是随着道路的延伸而在行走。人的行走并非只是把道路作为手段，从起点经过中间站点而到达终点，而是把道路既当成手段，也当成目的，把每一个步骤既当成起点，也当成终点。实际上，人一直都行走在路上，他双脚路过的任何一个地方都是道路。这也意味着人一生都生存于路上，亦即从摇篮穿行到坟墓。其间的不同的道路不过是或大或小、或直或弯而已。

那么道路给人与世界带来了什么？道路开辟了空间。虽然自然空间是已经给予的，但人类的存在空间却是创建的。道路并非是平面的，而是立体的，从而构筑了路面及其周边的空间。同时道路也引发了时间。它自身的运行从一个站点到达另一个站点，既形成了空间的转换，也形成了时间的流动。在道路上，人们经历了日出日落和四季轮回。正是在道路所建筑的时空中，万物现身。那里不仅有矿物和植物，而且有动物与人。总之，道路不仅开辟了自身，而且也开辟了世界。

論大道

我们现在谈论的还只是一般的道路，这离我们所关注的主题尚有一些距离。我们真正所讨论的并非是一般意义的道路，而是大道。这就需要对于道路自身进行区分。一般而论，道路可以划分为小路、迷途和大道等不同性质的类型。小路既不宽广，也不长远，不能使人自由和永远地行走。邪途是偏离正道的路途，必定导致人的行走远离真正的目标。小路和邪途看起来是捷径，方便人的行走，但它实际上会把人带入危险的境地，直至死亡。迷途会让人迷失方向，不知东南西北，走进一条永远走不出的路上，而无法达到目的。正如人们进入森林，会遇到错综复杂的林间小路而不知所措一样。既不同于小路、邪途，也不同于迷途，大道是大的道路，是一切可能性道路中最大可能性的道路。大道之大在于其无限的宽广和漫长。人们常说，天高任鸟飞，海阔凭鱼跃。天有无限的高，因此它敞开了无限的道路；海有无限的阔，因此它也敞开了无限的道路。只有大道，才能让人正确地走向天地与世界。在这样的意义上，大道就是光明。因此汉语就有光明大道的说法。光明大道并非是处在光明中的大道，而是自身带有光明的大道。它发出光亮，不仅照亮道路周边的原本黑暗的地带，而且照亮道路上行走的人。根据对于道路的区分，人既要逃离小路和邪路，这在于它是死亡之路，也要分辨迷途，这在于它最终不是通向生命，而是死亡，而要走向光明大道，这在于它是生命之路。

但在日常和思想语言中，道或者是大道指的并非是指现实中某一具体地方存在的某一条路或者大路，而是许多与道路自身关联的一些事物。它们是道路的比喻、转义和引申，其意义不是单一的，而是多样的。

道首先是存在性的。存在性的道是一切存在者之道，也就是万物之道。道一般意味着存在的规定、规律、本性、开端和基础等。

道其次是思想性的。道是道理。它是人们对于存在之道的认识而形成的思想体系、学说和主张等。人们常说的孔孟之道就是孔孟所主张的儒家的道理；老庄之道就是老庄所宣扬的道家的道理；禅宗之道就是慧能所宣传的佛教的道理。

道然后是语言性的。道是说道。它是语言的言说行为。这些行为也许相关于存在与思想之道，也许不相关于存在与思想之道。

道最后是方法性的。道是门道。它是方法、手段、技巧等。但作为方法的门道并不离开作为道路的道，而是沿道而行，遵道而为。人们只有掌握了门道，才能认识和达到道自身。

道虽然具有如此多方面的语言意义，但它们彼此之间却是贯通的。这个贯通者就是人。人使道的存在性、思想性、语言性和方法性的维度建立了内在的关联。道虽然首先是存在性的，但只有人立于道中，知道了道，并言说了道，存在性的道才不是遮蔽的，而是敞开的。不仅如此，而且也只有当人沿道而行，学会并践行道，道才会实行，才会真正存在。当人们谈论道的任何一种语义的时候，其实都不是孤立地讨论其单一的意义，而是关涉到与它相关的其他几种语义。

二、存 在 性 的 道

1. 道论或存在论

道是存在者之道。如果道可以理解为存在的话，那么它则可以称为存在者的存在。在中国历史上，关于道的探讨的学说称为道论。它一般追问道自身是什么，人如何思考和言说道以及如何遵道而行。而在西方历史上，关于存在的探讨的学说称为存在论，或者本体论。本体论的根本任务是说明一般的存在者的存在或者本体。它一般回答存在是什么、存在如何是和存在为何是。我们现在把道论作为存在论或者本体论来探讨。

何谓存在者的存在或者本体？本体是存在者的规定者。它是本源、本质、开端、基础、原因、根据和目的等。正是有了本体，一个存在者才可能是一个存在者，否则一个存在者就不可能是一个存在者。

历史上的本体论将存在者的本体设定为某一确定的存在者，并为其他的存在者提供一切原则的总原则。西方思想史上出现过各种性质根本不同的本体论。唯物主义者认为本体是物质性的，如水、火和原子等，它们是万物的开端或者始基；唯心主义者认为本体是精神性的，如理式、理性、自我意识和绝对理念等，它们是存在者的基础；神学论者认为本体是上帝或者是神，它们创造了世界万物；人性论者认为本体是人及其人性，他才是历史的主人。

与西方思想史一样，中国思想史上也有许多不同形态且对立的本体论。但其中影响最普遍和最长久的是气本体论。气是一种极其精微的物质，是无形的、不可见的，但同时是流动的，贯穿于万物。清气成天，浊气为地。人与万物有气则生，无气则死。除气本体论之外，中国古代思想还有理本体论和心本体论。理本体论主张本体是理，它是一种抽象的原则或者规律，是天生就存在的，故它是天理。天理遍及天地万物之中。心本体论认为本体是心，它不仅是人觉知善恶的能力，而且也是天地万物的根本。心就是宇宙，宇宙就是心。心外无物，物外无心，如此等等。

西方与中国的哲学史虽然是一部复杂多样的历史，但就其主体而言，它们就是一部本体论的本体不断变化的历史，是新的本体否定并取代旧的本体的历史。虽然新的本体论与旧的本体论所设定的本体不同，但它们具有同样的结构和思路，即形而上学的本性。形而上学既非只是一种哲学的学科，亦即第一哲学，也非只是一种与辩证法相对的思想，而是一种本体论思想路线。它试图为一切存在者追问其存在，这个存在理解为最后的原因和根据。因此形而上学就是追问最终的原因和根据的思想。但这些本体论学说在探讨一般存在亦即其最后原因和根据的时候，实际上把它归结为某一特别的存在者。在这种情况下，存在自身最终被遗忘了。

但本体论不能理解为一种追问最终原因和根据的思想，而是要规定为关于存在本性的学说。它将存在者的存在限定为自身的存在，而不是外在的存在。它要揭示和阐释存在自身的真理，也就是存在者自身是如何存在的。与历史上的本体论不同，一种新的本体论将不讨论任何存在者外在的原因和根据，而是探讨其自身的原因和根据。基于这种根本性的差别，一种追问外在根据和原因的本体论可称为有的本体论，一种探讨自身存在的原因和根据的本体论可称为无的本体论。这在于它设定存在者的存在在于自身，只有自身的原因和根据，而没有外在的原因和根据。因为它的存在没有一般意义的原因和根据，所以是无原因和无根据。如果说原因和根据就是本体的话，那么无原因和无根据的存在就是无本体。无的本体论主张无本体或者无的本体。一种无的本体论不仅会反对有的本体论，而且会消解本体论自身，让本体论保留一个空洞的名字。这就是说，当代的思想建设并不需要一种古典的或者现代的本体论的建构。这在于所谓本体就是存在者自身的存在，而不是非自身的存在。

道论作为本体论不同于中西思想史上一般的本体论。如果说一般的本体论是有的本体论的话，那么道的本体论则是无的本体论。

2. 道与有无

让我们更深入细致地分析道自身。

如前所说，道不仅是存在的，而且是存在者的存在。它是一切存在者之道，亦即天地万物之道。但道既非是一个一般的存在者，也非是一个特别的存在者。它并不具备一般存在者的特性。这就是说，道并非如同一个物那样具备物的特性。关于物，历史上出现过三种最具广泛影响的理论。第一种认为，物是带有偶性的实体；第二种认为，物是感觉的复合；第三种认为，物是赋形的质料，亦即形式和内容的结合。第一种是客观论，第二种则是主观论，第三种可算作主观与客观的统一论。我们可以根据物的三种理论来检验道是否作为一个物。第一，道并非是带有偶性的实体。它既非具有实体，也非具有偶性。第二，道并非是感觉的复合。它是超出感觉之外的，既非某种单一的感觉，也非某种复合的感觉。第三，道并非是赋形的质料。它既非有形式，也非有质料。既然如此，那么道不是一个物。基于这样的理由，人们不可能如同思考物那样去思考道，如同言说物那样去言说道。一般所说的道不可思和道不可言旨在强调人们在思考和言说时绝对不能将道物化。

道不是一个物，不存在于万物或者一切存在者之前。如果人们设定道存在于万物之先的话，那么这虽然强调了道对于万物的优越性，但实际上将它理解成了一个特别的存在者。同时道也不存在于万物或者一切存在者之后。如果人们设定道存在于万物之后的话，那么这虽然标明了道是万物的根据、原因或者基础，但仍然将它刻画为一个特别的存在者。人们没有将道真正把握为存在者的存在。

道作为存在者的存在就是万物之道。它既不在存在者之前，也不在存在者之后，而是在存在者之中。它遍及万物自身，是万物的本性、本源、核心、规律等。因此道规定了天下万物的存在。虽然如此，但道自身不能等同于一个或者全部的存在者，亦即不能等同于万物之一或者整体。

既然道不是一个存在者，不是一个物，那么道就是无，或者是虚无。对道的如此规定，人们肯定会直接提出反对意见，即这是一种自相矛盾的观点和一种虚无主义的论调。之所以人们认为这是自相矛盾的，是因为道要么是有，要么是无。认为道既是有，也是无，这不合乎形式逻辑的同一律。之所以人们认为这是虚无主义的，是因为道是天下万物的规定者。如果道是虚无的话，那么世界也是虚无的。这两种反对意见貌似正确，但实际上是错误的。这在于它们误解了虚无的意义。它们只知道有，而不知道无。

道的无并非一般意义上的虚无。这种虚无意味着一无所有，也就是什么都不存在，一切都没有。这种无的经验实际上源于个别存在者的不存在，然后扩大到一切存在者的不存在，也就是整个世界的不存在。但这种虚无只是一种假定。为什么？这在于当人说一切皆无的时候，不仅"一切皆无"的语句依然存在，而且说出"一切皆无"的人也依然存在。因此一切皆无的经验并非是一种绝对的虚无的经验，而是一种相对的虚无的经验。

道的无也不是人们理解的空。一般所说的虚无与空无有关。空无

論大道

相对于实体，可以理解为是一没有实体的空间。实体是物质性的，并在空间中具有广延性。与此不同，空无则是非物质性的，或者存在于实体之外，或者存在于实体之内。有限的空是建筑物和器物的空间。人们制造一个建筑或者器物的实体，就是为了获得它的内部空间。正是它给人提供了其有用性，亦即能容纳物和人。与有限的空不同，无限的空是天空的空。尽管这样，天空也不是绝对的空虚。它除了包括地球之外，还包括日月星辰。但这两种有限和无限的空仍然是相对于有的空，是一个小或者大的存在者的空。可以说，没有空无就没有实体，同时没有实体也没有空无。它们之间的关系可表达为空有相生。

道的无也不能等同于一个存在者的缺失。作为一个整体，一个物本来由一些必不可少的部分组成，但因为自身或者外在的原因而失去了一些，而存在空缺。这是一种破坏和缺憾，是一个完满的存在者所不该发生的，也是人们达到一个完满的存在者所要克服的。

当然道的无也不能视作为幻想、梦想。人们把人生与世界看作是如梦如露、如幻如电，从而否定其存在的真实性，并觉得其是无意义的。但这只是佛教的一种选择性的比喻，是用来治疗那些执着于有的人的病症的。

道的无最后也不是否定的判断。一个肯定的陈述断定一个事物存在或者具备某种特性，相反一个否定的陈述断定一个事物不存在或者不具备某种特性。这种否定只是说出了某一存在者不是什么，但它也包含了其尚未说出的，即肯定某一存在者是什么。

真正的道的虚无既不是空无，也不是否定，也不是作为一个非存在者的状态，而是虚无化。它不是一个名词，而是一个动词，或者是一个名词化了动词，亦即动名词。作为动名词的虚无化才真正说出虚无的本性。它是非存在者化的，非物化的。它不仅否定任何固定的、

静止的存在者，而且让存在者自己否定自己。因此虚无构成了存在的
最高规定。作为有与无的统一，道一方面是存在化的，生成自身，另
一方面是虚无化的，剥夺自身。它既是存在性的虚无，也是虚无性的
存在。

3. 道作为生成

道既是存在性的，也是虚无性的，是有与无的共同的生成。

道不外在于生成，生成不外在于道。道就是生成，生成就是道。
但何谓生成？它是道成为其自身，也是道让万物成为其自身。这具体
地说，道生成，人生成，物生成，世界生成。

在生成过程中，什么是生成者？生成者是主动者，规定者。但它
不能归结到存在者之外的任何一个其他的存在者。它既不是神，也不
是天；既不是人，也不是心。生成不是神的创造。就神的创造而论，
神是创造者，世界是创造物，神创造了世界之后，神与世界相分离。
神是神，世界是世界。生成也不是人的生产。就人的生产而论，人是
生产者，物是生产物。人创造和使用工具制作物。当人生产产品之
后，人与物相分离，他们各自存在。但生成始终是存在者自身的生
成。生成者只是存在者自身。

什么是被生成者？被生成者是被动者，被规定者。但它也是存在
者自身，而非存在者自身之外的存在者。当我们说生成者生成的时
候，这实际上是说：生成者生成自己。生成者和被生成者是同一的。
它们之间的关系既不是一个存在者和另一个存在者的关系，也不是主
体和客体、主动和被动的关系，而是同一存在者自身居于自身的同一

关系。

那么什么是生成活动自身？生成是生出并成为自己。当一个存在者生成的时候，它才能是它自身，也就是存在的。

生成当然不是同一。同一只是永远保持自身，固守自身。但生成也不是一般所说的变化。变化是同一事物从一种状态转变到另一种状态。生成是有与无的相互活动。一方面是无中生有，另一方面是有变成无。

无是尚未存在的，有是已存在的。无中生有是把尚未存在的变成已存在的，如同婴儿的诞生一般。无中生有意味着，一个有不是从另一个有中生成出来，一个存在者不是从另一个存在者中生成出来，而是从自身之中生成出来。因此它自身就是开端、基础和根据，而排除了另一个更本源的开端。

有变成无就是把已存在的变成不存在的，如同老人的死亡。有不固守于自身，不停止于自身，而是通过存在的虚无化而否定自身。虚无化并非是消极的，而是比一切消极的力量积极，也比一切积极的力量更积极。如同只有死而后生和死而复活，正是有在向无的回复之中才开始了新的有的生成。

由此看来，生成是无中生有和有变成无的双重变奏。一方面，是无向有的生发的兴起；另一方面，是有向无的消解的回归。这是存在最根本的悖论，也是一般的辩证法所无法扬弃和克服的事实。正是这种悖论形成的张力推进了存在的生成。在这一过程中，存在性和虚无性、肯定性和否定性的矛盾得以克服，虚无主义的困境得以解救。

生成也是新与旧的变更。一方面是从旧变新，另一方面是从新变旧。旧是已存在但过时了的，新是将要存在的，是初始的、变更的。从旧变新是把已经存在的推向将要存在的，因此是创新，是革新。从新变旧是把已经创新的和革新的推向再创新和再革新。生成是从旧变新和从新变旧的永恒轮回。从旧变新使生成活动能够自身否定，而从新变旧使生成活动能够达到否定之否定。从旧变新是生命自身的更新活动，而从新变旧则使这种生命活动能够绵延不绝。一个旧的事物死亡了，一个新的事物产生了。同时，一个旧的世界毁灭了，一个新的世界诞生了。

作为道或者存在的本性，生成是有与无、新与旧之间无限的游戏。

如果说当代还存在一种关于世界的本体论的话，那么它唯一的可能性就是道的本体论或者是生成本体论。它回答了一般本体论的问题。存在是什么？它是生成，此外无他。存在如何是，它是生成，此外无他。存在为何是，它只是生成自身，此外无他。道的本体论或者生成本体论既不同于西方历史上的各种本体论，也不同于中国历史上各种本体论。它不是有的本体论，而是无的本体论。这在于道既不是某一特别的（最普遍的和最高端的）存在者，也不是某一特别存在者的存在，而是作为存在的虚无或者是作为虚无的存在。

4. 存在的真相

当道自身存在或者生成的时候，它已经将自身显示出来，揭示出来。这就是说，道将自身的真相带到敞开之中。道自身不仅是处于真理之中，而且自身就是真理。道与真理相互规定，共属一体。当我们说道的真的时候，实际上也在说真的道。在汉语中，道不仅被称为大道，而且也被称为真道。真道就是真的存在或存在的真。

論大道

一般人习惯性地把真理置于思想和语言的领域，认为真理只是思想性和语言性的。但事实上并非如此。真理首先是存在性的，其次才是思想性的和语言性的。思想性的和语言性的真理不过是关于存在性真理的思考和言说。因此当人们追问思想性和语言性的真理的时候，首先就要追问存在性的真理。在汉语中，存在性的真理有多种相近的语词，如：真相、真实、真际等。真意味着：存在者是其自身，而不是它自身之外的其他存在者。

存在之作为存在显示出来，就是将自身的真相暴露出来。但存在的真相之所以要暴露，是因为其自身被遮蔽，而具有假相。假相不是存在自身的本性，而是另外一个事物遮盖或者替代了这个事物。遮蔽可分为自身遮蔽和为它遮蔽。所谓自身遮蔽是指真相没有自己暴露自己；所谓为它遮蔽是指外物和人们掩盖了存在的真相。因此当真相要暴露的时候，它就要去掉其自身的假相。真相始终是在与假相的斗争中而成为其自身的。显示真相的过程就是去掉遮蔽的过程。

但显示或者去蔽如何可能？这在于光明的发生。但光明并非是外在于存在的，而是内在于存在的。它是存在之光或道之光。此种光明既不是极度的黑暗，这种黑暗断绝了任何光明的可能性，也不是极度的光明，这种光明排除了一丝黑暗的可能性。因此道之光或者存在之光不同于历史上各种光的形态，如日月之光、上帝之光、理性之光和佛性之光等。这些光明光芒万丈，照射一切。但道之光如同东方的黎明之光，是一个从黑暗中升起并始终伴随着黑暗的光明。一方面，光明能够克服黑暗，另一方面，黑暗也会遮盖光明。但无论如何，光明和黑暗是交织的、斗争的。正是在光明与黑暗的游戏之中，一切存在者或者万物才能显示出来。但去除遮蔽自身也会变异化为遮蔽。因此显示是一个不断去蔽的过程。在与黑暗的抗争中，光明克服了自身的有限性，而获得了无限性。正是凭借与黑暗的内在关联，道之光成为了一种奇异之光。它既能使人在光明中看到黑暗，也能使人在黑暗中看到光明。而在绝对的光明和绝对的黑暗之中，无物可现，无物可见。

道的光的产生在于人进入到存在自身。人自身不是光，甚至不是光的创建者，但他是光的引发者。虽然存在的真相在此，不是人的思想和行动的产物，但是它自始至终离不开人的存在。这在于唯有人的存在才能使真相显示出来。人生存于世界之中，不仅与他人打交道，而且与万物打交道。在这种人与世界的共生的关联中，存在的真相就向人显示出来。天作为天，地作为地，万物作为万物。它们都敞开了自己的本性。因此人是存在真正的通达者和守护者。存在的真理能被人亲历和证实，由此它成为了亲证的真理。

在真理之光中，存在者的真相显示出来：它就是这样。

三、思想性的道：智慧

思想性的道是对于存在性的道思考的产物。它就是人们一般所说的智慧。

1. 知道

智慧是一种知识，来源于人的认识或者知道。但智慧不是知道这

論大道

个存在者或者那个存在者，而是知道这个道，亦即人与世界的存在之道。心灵仿佛用光明照亮人和世界，而人与世界也在心灵之中呈现出来。虽然智慧是人的一种能力，但这并不意味着人是智慧的规定者，可以拥有或者不拥有智慧。而是相反，智慧是人的规定者。正是凭借智慧，人才能居于真理之中，而使自身成为真正的人。

为了更清晰地获得智慧的本性，我们有必要将它与愚蠢和聪明作一番比较。

作为智慧的对立面，愚蠢是不知道。人既不知道自己是谁，也不知道世界是什么。最极端的愚蠢是，人虽然不知道，但是人不知道自己不知道，还以为自己知道。只有当人开始觉悟的时候，他才知道了自己不知道。这就是启蒙，亦即人用光明照亮自身和世界的黑暗。通过如此，人完成了从愚蠢到智慧的根本性的转变。

智慧一方面不同于愚蠢，另一方面也不同于聪明。智慧和愚蠢的区分是一种显性的和容易的区分，如同光明与黑暗的区分。但智慧和聪明的区分却是朦胧的并因此是困难的区分。为什么？这在于在聪明看来，智慧是愚蠢的；但在智慧看来，聪明是愚蠢的。当然聪明是一种特别的愚蠢，因为它带着一层面具。这就是说，它看起来是知道，但事实上是不知道。智慧不仅能看到事物的表面，而且能看到事物的本性，能透过现象看到本性。但聪明只看到事物的表相，而看不到事物的本性，让表象遮盖住了本性。智慧不仅能看到小，而且能看到大，小大兼备。但聪明只能看到小，而看不到大，因小失大。智慧不仅能看到近，而且能看到远，近远一体。但聪明只能看到近，而看不到远，以近代远。鉴于这样的特性，人们对于智慧和聪明的分别一般更明晰地表述为大智慧和小聪明的对立。

根据上述比较，愚蠢是无知。它是盲目的，没有看的能力，从而也不能看到事物的本性。聪明只是意见。它似是而非，好像是看到的事物的本性，但实际上并没有看到它。只有智慧才是洞见。它不仅看到了事物，而且看见到了事物之道。

2. 真理

作为知道，智慧不是知道其他什么东西，而是只知道真理。我们已经在存在论的维度讨论了真理，它一般被理解为真相。现在我们要在思想性的维度探讨真理，它一般被理解为真思。

其实人们一般所说的真理都是思想性的真理。真理是真的道理、真的理论和真的理由。它虽然包括了思想和存在的根本关系，但它的处所不是存在，而是思想。这里的思想具体化为关于判断的陈述。判断一般理解为思想对于所思考的事物是否存在、是否具有某种本性以及事物之间具有某种联系的肯定或者否定。但一个陈述的判断具有两种可能：一个是符合事情的，另一个是不符合事情的。符合是人对于事物的判断与事物向人的思想显示出的本性的一致。基于这一标准，符合的陈述就是正确的，是真理。是就是是，非就是非。不符合就不是真理，而是谎言，是变成了非，非变成了是。

但思想的真理之所以可能，是因为事情已经显示自己是真的。只有当事情本身是真的，那符合事情的真实判断才可能是真的。不仅如此，而且事情的真相要在人的存在之中显示出来并为人所判断。因此，首先有存在论的真理，事情显示出来并向人敞开；其次才有思想性的真理，思想从自身出发建立与事情的符合关系。

3. 人的规定

思想性的真理虽然可以理解为关于万事万物的正确的知识，但一般规定为关于人生在世的正确的知识。这种特别的真理就是人们所说的智慧。智慧作为真理并非是一般的真理，而是一种特别的真理，亦即关于人的存在的命运的知识。它既不同于一般的自然科学的知识，也不同于一般社会科学的知识。自然科学如数学、物理、化学、生物等是关于自然存在者的知识。与此类似，社会科学如经济学、社会学等是关于社会存在者的知识。它们也可以称为关于自然的真理和关于社会的真理。但当它们只是关涉自身的时候，它们还不足以被称为一种智慧。只有当它们相关于人的存在的命运的时候，它们才能作为智慧。

智慧在根本上敞开了关于人的存在的命运的奥秘。

首先，智慧揭示了人是谁。这意在指出人是一个什么样的存在者。通过如此，人获得了自身最本己的规定。但任何一种规定也同时意味着一种否定。这就是说，当我们说人是什么的时候，也在说人不是什么。因此人的规定也是人的区分。一般来说，人要与存在者整体中的其他存在者相区分。这些存在者包括了矿物、植物、动物和人，甚至还包括了神和上帝。在这样的存在者整体之中，人一向被规定为理性的动物。他因为具有理性，所以不同于动物；因为他也是作为一个动物，所以不同于神或者上帝。与西方不同，人在中国被说成是天地之心、万物之灵。人是有心灵的存在者，这使他一方面不同于天地万物，另一方面能知晓和通达天地万物。

但人不仅与动物相区分，而且与自身相区分。这意味着一个可能的人与现实人相区分。按照一般逻辑模态的区分，必然性高于现实性，现实性也高于可能性。可能性是模态中层级最低的。这在于它不仅包括了偶然性，而且也包括了不可能的可能性。但事实上，可能性既不低于现实性，也不低于必然性。相反它包含了存在的最大极限，能使现实性成为现实性、必然性成为必然性。因此它高于一切现实性和必然性。一个可能性的人是人的最高规定性。西方的智慧的历史是关于人的最高可能性的历史。古希腊要求人与自身相区分，而成为英雄；中世纪要求人与自身相区分，而成为圣人；近代要求人与自身相区分，而成为自由人。到了西方现代，人们将可能性的人的设定为将来的人。马克思要求人与雇佣劳动者相区分，而成为共产主义者；尼采要求人与末人相区分，而成为超人；而海德格尔要求人与理性的动物相区分，而成为能死者。与西方不同，中国的智慧给予了人的另外的规定。儒家要求人与小人相区分，而成为君子；道家要求人与非道人相区分，而成为有道人；禅宗要求人与迷误人相区分，而成为觉悟者。但所有这些人的规定和区分无非表明：人不仅要做一个欲望人和技术人，而且要做一个立于大道中的人，亦即一个有智慧的人。

其次，智慧揭示了人如何存在。人存在于世界之中，世界由自然、社会和心灵构成。人的在世存在的方式是生存、思考、言说。人首先是一个欲望人。他要生，也要死，也要爱。作为欲望者，人要占有所欲物。人然后是一个技术人。他创造和使用工具去制作物，用物来满足自己的欲望。但人最后要成为一个智慧人。智慧告诉人，人要智慧地去存在。这就是说，人要用智慧指引自己的欲望的占有；人要用智慧指引自己的技术的制作。同时智慧也要根据欲望和技术改变自身，从旧的智慧上升到新的智慧。智慧所指引的人的存在就是在欲望、技术和大道之中的存在。

最后，智慧揭示了人为何存在。这实际上包括两个方面的问题。

一方面是人的存在的来源，另一方面是人的存在的目的。前一个问题可表述为：人从哪里来？后一个问题可表述为：人到哪里去？但这两个问题实际上可归结为一个问题：人的存在的根据。它在根本上规定了人生在世的活动，亦即人如何生存在天地之间和人如何生存于生死之间。中西历史上的智慧分别为人生在世寻找到了不同的根据。西方最主要的根据是上帝，中国最主要的根据是天道。但什么是上帝的最后根据？什么是天道的最后根据？这些最终根据自身是没有根据的。因此它们实际上一种思想的虚假设定。如果事情是这样的话，那么人生在世在最终是没有任何一种外在的根据的。一种没有根据的存在就如同没有底的黑暗的深渊，将自身建立在虚无之上。但这并非是将人与世界引入虚无主义和悲观主义的困境，好像在宣扬一种无意义的消极的人生观和世界观。这也许刚好相反。当人的存在没有任何一种外在根据的时候，他就要自己建立根据和说明根据，从虚无中生成出存在。但这正好是人生在世的意义之所在，亦即人从无意义之中探索出意义，形成有意义。

根据智慧的揭示，人生在世实际上有三条道路。第一种是愚蠢，是死亡之路。第二种是聪明，是迷误之路。第三种是智慧，才是生命之路。人只有走在智慧之路上，他才能知道并且把握自己的存在的命运。

四、语言性的道

我们在探讨了存在性的道和思想性的道之后，还要探讨语言性的道。

1. 存在、思想和语言

　　语言性的道虽然与存在性的和思想性的道不同，但它们都关涉到同一个道，亦即同一个真理。如果说存在性的道是真相和思想性的道是真思的话，那么语言性的道就是真言，是语言性的真理和真理性的语言。

　　按照一般的观念，存在是已经发生的一切物或者事件及其根据，思想是对于存在的思考，而语言是关于思想的表达。这似乎表明，在存在、思想和语言三者所构成的序列中，前者比后者更具有优越性，如存在优于思想和语言，而思想也优于语言。但事实上并非如此，任何一种存在都是被思考过和被言说过的。一种没有被思考过和言说过的存在是不可思议和不可言说的。这在于只有在思想和语言之中，存在才不是遮蔽的，而是敞开的。

　　这实际上表明，存在性的道最终要显现为语言性的道。道不仅要存在，而且要道说出来。语言性的道是存在性的道的去蔽和开启。因此可以说，语言是存在真正的到来。但语言与存在的关系还不只是如此。语言不仅能反映存在，而且能指引存在。这种指引性的语言是作为道的语言，能为存在奠基。

　　语言性的道不仅显示和指引了存在性的道，而且也开辟了思想性的道。一般认为，语言是思想的媒介和工具。思想被理解为内容，语言被理解为形式。即使这样，现实也没有脱离语言的思想。人们不能设想没有语言或者在语言之外去思考事情。同时现实也没有脱离思想的语言。一种没有任何思想的语言是没有任何意义的语言。它们只是空洞的声音和符号。思想的活动只能在语言之中并通过语言且最后表达为语言。语言活动自身不仅包括了思想，而且去指引思想。

思想性的道与语言性的道密切相关。思想性的道是真理，表述为一个真实的陈述判断。一个判断的思想表现为判断的句子，亦即一个判断句。其中的主语是判断所指的事物，谓语是所判断的事物的特性。如果这个句子的判断符合所判断的事情本身的话，那么它就是真理，否则就是谬误。这就是说，思想性的道也表现为语言性的道。不仅如此，而且思想作为人的活动，也要沿着语言自身所开辟的道路而运动。因此语言的道在根本上规定了思想性的道。

只有在语言性的道的基础上，我们才能言说思想性的道和存在性的道。语言性的道不仅比思想性的道更为本源，而且比存在性的道更为本源。这在于语言性的道是指引性的道。它不仅显示存在与思想之道，而且指引存在与思想，为它们建立根据。

为了把握语言性的道，人们需要对语言的本性进行新的阐释。这里相关三个根本性的问题：第一，谁在说话？第二，语言如何言说？第三，语言说了什么？

2. 谁在说话

当提出"谁在说话？"这一问题时，人们似乎在明知故问。毫无疑问，是人且只有人在说话。既然面对人在说话这一铁一样的事实，人们还发出谁在说话的疑问，那么这就表明，虽然看起来是人在说话，但事实上也许他是说话的规定者，也许他不是说话的规定者。因此这一对于语言的莫名其妙的追问让我们思考在人在说话的背后那个说话的主人。

让我们还是从人在说话的观点开始。在存在者整体中，矿物沉默，植物无言。它们只是在外在事物的作用下才能发出一定的声响。动物只能吼叫。其声音虽然具有本能的意义，但并非是清晰的有音节的声音，不具备赋予意义的明确性和丰富性。在世界众多的存在者中，唯有人类具有语言言说的能力。语言是人的发声器官所发出的声音，它相关于人的嘴唇、牙齿、舌头、喉咙等生理部位。正是如此，语言被称为嘴唇的花朵等。根据发音部位的不同，人们区分出不同的声音，唇音、牙音、齿音、舌音和喉音，亦即中国五行思想图式所区分的五音：宫商角徵羽。但语言并非一般的声音。与动物发出的吼声不同，人的语言是清晰的有音节的声音。不仅如此，而且人的声音具有一定的意义。它作为能指而指向所指。一般语言学认为，人的语言的发生遵循两重原则：一是任意原则，二是差异原则。前者指任何一个能指与所指的关系是任意确定的；后者指一个能指和另一个能指是具有差异的。按照这种语言观，人的语言表达思想，思想反映现实。语言只是人的众多的存在样式之一，并且是作为众多的存在者之一。

除了人在言说这一最日常和普遍的观点之外，历史上还有天在说话的观点。天并不只是在大地之上的天空，而是天地合一的自然界整体。此外天不仅具有自然的特征，而且具有类似人格的特征。但天自身并没有言说的能力，至少没有如同人一样言说的能力。如果说天在说话的话，那么这无非是一种拟人的说法。它表明天规定了语言言说的本性。人的言说只能建基于天的言说。

我们看看天是如何言说的。天按照自然之道在运行，显示为天文、地理和万物之象。这些就是天书，是自然的文字。它在无声之中发出了语言的言说，并包含了隐秘的意义。这些天书成为了人们言说的依据。但它是神秘的、隐晦的，也是不确定和多意的。这需要对它破译、理解和阐释。人们要将天书转化为人书，将天言转化成人言。圣人作为一个特别的人，不过是代天立言而已。按照中国古代文字所书写的圣人的意义，他意味着听说之王。一方面，他倾听天的无声的言说，也就是观察和领会天文、地理和万物之象；另一方面，他要将所倾听到的天的话语去言说给天下人民，让他们倾听并言说天的话语。唯有依据天言，人们才能去言说、思考和存在。

与天在言说的观点不同，神在言说的观点则将语言言说的主人交付给神灵。神存在许多不同的形态，有隐蔽的神，有半人半神，有神之子，有多神，有唯一的真神等等。但神自身是无形的，不可见的。他也不可能如同人一般去言说。如果人们说神也在言说的话，那么这无非是将神拟人化。这意在强调神规定了语言言说的本性。人的言说只能建基于神的言说。

但神是如何言说的？神将自己的语言显现为天地万物的奇异之象，如天上的闪电和地上的烈火。这不同于一般自然的迹象，而是神迹，也就是神灵或者神奇的符号。神在暗示，具有通神非凡能力的人们听懂了神的语言并用人的语言将它言说出来。当然神会直接赋予人灵感，如神灵附体、梦中现身等。圣灵的感应让人成为了神的使者，能言说超人亦即神性的语言。最典型的神言是一神教的圣书，如犹太教、基督教和伊斯兰教的经典。这些神圣的话语召唤人们放弃人的谎言，听从神的真言，从而走在一条真理的光明大道上。

无论是天在言说，还是神在言说，它们都具有神话色彩，只是对于语言本性理解的历史形态。但它却启示人们，在注重人在言说的同时，也要考虑到那规定人在言说的言说者。当然这个规定者既不是天，也不是人，而是语言自身。

这导致了人们在人在言说之外提出语言自身在言说的观点。语言虽然是人的发声，但是人的声音却是被世界所规定的。正是人所在的世界（天人心）的不同，才有口音和语音的不同，并由此形成了各种方言。同时不同的民众会有不同的语言，有自身独特的发音、词汇、语法和语调。一种民众的语言就代表了一种民众的存在。作为民众的一员，个人只有首先学习语言，然后才能言说语言。

一般语言学早就指出了语言与言说的区别。语言是言语活动中的公共部分，有其自身的规则，如语法和逻辑等，不以言说者个人的意愿为转移。但言说则是言语活动中的私人部分，具有个人化的发音、用词和造句等表达的特点，与言说者的生活和思想密切相关。这种语言与言说的差别可以理解为语言在言说和人在言说的不同。但语言在言说和人在言说更根本的区分不在于形式，而在于内容。语言在言说是存在真理的揭示，人在言说不过是个人生存的表达。语言在言说所说的话语如格言、箴言和谚语等，是关于人与世界的智慧，人在言说所说的话语则是其生活所发生的事情。

语言在言说，这看起来不仅在现实上不符合人在言说的事实，而且在逻辑上也是毫无意义的同一反复，但它实际上呼唤人们要从语言之外回到语言自身。不是非语言作为语言的主人，而是语言作为语言的主人。既不是人，也不是天和神，而是语言自己规定自己。虽然语言是人的本性并显现为人的言说，但语言绝不是被人所规定，而是反过来，人被语言所规定。这是因为语言不仅是人的言说，而且也是语言自身的道说。离开了人，语言自身并不会说话，因此语言借助人的言说表达自己的本性。但离开了语言，人就不复是人。人只有听从了语言所指明的道路之后，他自身才会拥有语言言说的能力并成为一个语言的人。

根据上述对于谁在说话的探讨，我们既要注重人在言说，也要注重语言在言说。语言言说正是语言性的道在言说。人的言说或者是在传递语言之道，或者相反，是在反对语言之道。

3. 语言如何言说

这一问题主要关涉到语言言说活动的样式。人们认为，语言的言说活动一般就是陈述。这可作如下表述：首先是现实中发生的事情，然后是人的心灵对于这个事情的反应所留下的印记，随后是人用语言的声音将所思考的事物表达出来，最后是人用文字符号记录这一语音现象。因此语言的陈述是将一个现实或者非现实发生的事情用一个或者多个句子进行言说。

虽然陈述论是一种关于语言言说活动最一般的看法，但只是揭示了语言言说的一个片面的维度，亦即工具性或技术性。如此规定的语言通过它自身的陈述在从事制作活动。它不仅在言说一件事，而且在生产一件事。当然语言陈述在作为工具的时候，也表达人的欲望，同时也传达大道或者智慧。但是陈述的语言只是欲望和大道的载体。它既不是作为欲望语言在言说，也不是作为大道语言在言说。

事实上人们早就知晓，在陈述之外，语言言说还有多种方式和形态。人们一般将语言言说的句子区分为陈述句、疑问句和祈使句等，将语言言说及写作的文体分类为记叙文、议论文和抒情文等。此外作为语言的艺术的文学具有多种体裁，其中的诗歌更是一种最纯粹和最精练的语言艺术，而它自身可以划分为抒情诗、叙事诗和戏剧诗。抒情诗是抒发人的情感，叙事诗是叙述一个事件的发生过程，而戏剧诗则是展示人的存在的矛盾和冲突，让人洞见存在的真理。这充分表明，语言以多种方式在言说。它不只是作为工具语言在陈述，而也是作为欲望的语言和大道的语言在言说。但这两者的言说方式是非陈述性的。

当人言说他的欲望的时候，他并非只是在单纯陈述欲望，而也是在试图实现欲望。一种欲望的语言行为同时也是一种欲望的现实行为。例如，人说要充饥，这意味着他现实地欲求食物；人说要交媾，这意味着他现实地欲求异性；如此等等。欲望活动的本性是占有。人作为欲望者要占有所欲物，所欲物要被欲望者所占有。通过占有，欲望者把所欲物纳入自身，并成为自身的一部分。人的欲望的言说正是一种占有活动。一方面，人通过呢喃、呻吟将自身表达成为一个欲望者；另一方面，人通过呼唤、渴求将他者变成所欲物，从而完成占有行为。

当然在语言言说中最根本的活动是大道和智慧的言说。它并不陈述其他什么东西，而只是指引。指引的本意是人们用手指出一个方向和道路，引导人们在正确的道路上行走。当语言说出真理的时候，它就是在指引。语言如同开辟了一条光明大道，不仅引导人远离虚无之路，而且也教导他分辨迷误之路，最终让他行走在存在之路。

语言的指引是通过命令而实现的。命令本身不是一种非语言性的行为，而正是一种语言性的行为，它强制性指挥人去从事某种事情或者不从事某种事情。语言命令什么？他人要走在真理之途。这便形成了人的存在的开端性的决定。

作为命令性的语言，大道的语言在句型上具有独特的形态，亦即命令句。根据一般句法的分类，句型可以分为陈述、疑问和祈使句。大道的语言一般不属于陈述和疑问，而是属于祈使。陈述只是判断一个事物是或者不是具有某种存在的本性，疑问则是怀疑某一事物是或

論大道

者不是具有某种存在的本性，而祈使是表达请求、命令、告诫、指引、规劝、警告和禁止等。它一般有否定和肯定两种形态。虽然它也会以陈述句和疑问句的形态出现，但它在这种已有的言说形态中包含了尚未言说的和将要言说的形态，亦即祈使。

作为真理的话语，大道的语言给予否定的语言以优先的地位。否定既不意味着一无所有的虚无，如空无、虚空和空洞，也不意味着陈述句的否定，如这不是什么，这没有什么，而是意味着祈使句的否定：这必须不！如某物必须不存在！这是因为在已给予的语言形态中，欲望的语言和技术的语言是原初的和主要的。它们是朦胧的、混沌的、甚至是黑暗的。面对这样的语言形态，大道的语言首先是否定，如同光明对于黑暗的否定，而达到对于自身的肯定。事实上，人们一般将智慧比喻成光明，如太阳、星星、烈火等。它们发生于黑暗并消解了黑暗。

大道的语言作为否定性的语言经历了一个历史的发展过程。

人类学已经表明，历史最早的否定性的语言就是禁忌。它是人们针对某些特定的事物要被禁止或者忌讳的思想、语言和行为。这些事物是非凡的，亦即是非同寻常的，或者是神圣的、或者是不洁的、或者是危险的。如果人们触及到了所禁忌的事物的话，那么他将遇到危险和惩罚。最初的禁忌与鬼神信仰密切相关，因此它尤其出现在丧葬和祭祖的时候。但禁忌也贯穿于人类的一切基本生活，如某些食物是不可食用的，某些男女是不可交媾的。随后在节日等特别的时间中，人们将禁忌礼仪化和制度化。人的生活世界中的任何事情可分为吉凶两个方面，凡是凶的事情都属于禁忌之列。人要禁止与凶的联系。不做凶事，不想凶思，不说凶言。随着去鬼神化的思想的普及和深入，一些神秘的禁忌逐渐地消失和淡化了。但是一些与习俗和科学相关的禁忌依然保存着。禁忌要求人们不可想、不可说、不可做。

　　虽然禁忌确定了原初的人与自然、人与人之间的界限，并维系了他们的关系，但这种否定性语言却是黑暗的和神秘的。它并没有说明根据和建立根据，即没有明确地说出为什么要禁忌。

　　在后来的各种宗教中，否定性的语言构成了戒律的基本内涵。戒律主要也是禁止性的语言。它主要是对宗教徒和具有某种宗教信仰的民众所制定的规则，用于防非止恶。它指明人首先不能作什么，然后才能作什么。有些戒律是世界上所有的宗教都通行的，如不可杀人，不可偷盗，不可奸淫等。特别值得指出的是，佛教的学说包括了独特的戒定慧三学，其中的基本戒律是戒除贪嗔痴三毒，禁止在身语意等方面有恶的表现。一旦违反戒律，人们将要接受惩罚。虽然否定性的语言在此不再是禁忌，而是戒律，但它还是出自先知和圣人之口，而不是语言自身所建立的。

　　否定性的语言告别了禁忌和戒律的外在形态，从而回到语言自身，这正是现代智慧的根本之所在。它们的核心问题是区分真理和谬误，并召唤人们放弃谬误，听从真理。但这种听从不是服从，而是理解，亦即思考，是人们对于语言性的道的倾听和听从。

　　现代否定性的语言主要表现在各种法律文本之中。与传统社会不同，现代社会的根本特征之一是法治社会。既不是神权，也不是王权，而是以人权为基础的现代法律制度制定了整个社会的游戏规则，并规定了人的现实生活。其中特别是作为各个民族国家的根本大法—宪法以及联合国的人权宣言具有决定性的意义。法律作为游戏规则是人基于现实世界通过思考而约定的，但它却具有超出人之上的权威和力量。因此法律作为智慧的语言是典型的权力话语。它规定了人的权利和义务。

論大道

法律的否定性的语言主要表现为禁止性与授权性。法无禁止即可为，法无授权即禁止。对私权利而言，人不仅可以充分利用自己的权利，因为法无禁止即可为，而且可以正当地监督政府，因为法无授权即禁止。对于公权力而言，它一方面要恪守政府权力的边界，因为法无授权即禁止，另一方面要保障公民的个人权利，因为法无禁止即可为。在此一般原则的基础上，法又区分为禁止性和保障性，并根据违法和守法给予相关的公民相应的惩罚和奖赏。

在否定的同时，大道的语言的言说活动是任让。让意味着指使、允许、放任，不加干涉，任其所在，任其所为等。大道语言的任让是让世界的万物自己成为自身。在任让的过程中，大道不是恣意妄为，通过意愿的暴力去强加万物，而是自身隐去与弃绝。但这并非一般所理解的消极无为，虚弱退守，而是无为而无不为。它超过了人类一切无为和有为、消极和积极的活动。这在于大道的指引虽然是一种语言行为，不是现实活动，但是它能改变和规定它之外的其他的语言活动和现实活动。因此它比一切语言活动和现实活动更有力量。当然大道的语言的力量是以一种特别的方式表现出来，只是言说，而不是行动。它看起来是无能，而不是大能。但大道的语言的言说能够指引行动，于是它的无能也就是它的大能。

大道的任让是让生成。大道自身生成，同时也让一切存在者生成。存在者生成意味着存在者自身生而成之，也就是成为自己。存在者能是其所是和如其所是。在让一切存在者生成的活动中，大道并不是作为父母，一切存在者也不是作为子女，它们之间也不构成生成者和被生成者的关系。大道让一切存在者生成是让一切存在者自身生成。这就是说，天生成天，地生成地，万物生成万物，人生成人。大道在让一切存在者生成的时候，也让其不生成。正是因为如此，所以万物自生自灭。它的生成既不源于某一外物，也不为了某一外物。

大道的任让也是让存在。大道自身存在，同时让一切存在者存在。存在者存在意味着存在者具有自身的根据。存在者只有获得根据的时候，它才是存在的；存在者如果没有根据的话，那么它就无法存在。大道让存在者存在就是让存在者获得根据。但这并不意味着大道作为一个特别的物成为存在者的外在根据，而是让存在者自身建立根据。作为一个自身建立根据的存在者，它无需依靠外物而存在，而能依靠自身而存在。

大道的任让也是让自由。大道自身自由，同时也让一切存在者自由。存在者自由意味着存在者自己规定自己。人们一般将自由理解为随心所欲，但这刚好是自由的对立面。这在于人为心灵的欲望所束缚。自由也不是对于必然的认识和对于世界的改造。这种观点实际上是一种技术主义的产物，人在单纯的技术制作之中反而会被技术所控制。真正的自由是大道所任让的自由。一方面，人们从不自由中获得自由，也就是解放出来，释放出来。另一方面是人自由去生成，去存在。这在于大道提供了一条光明大道，可供人与世界行走。这条光明大道具有最大的可能性，亦即无限的可能性。人们在此大道中可自由选择。大道让欲望去占有，让技术去制作，让万物从自身出发去实现其本性。这正是大道自身的泰然让之。在大道之中，人也学会了泰然让之。

4. 语言说了什么

语言说出了话语。它所谈论的是事情，亦即世界中的人与万物。

論大道

我们对于这些话语形态可以进行区分，如日常性的、逻辑性的和诗意性的等。同时对于一个话语结构，我们也可以分析其句子和由不同句子所组成的单一文本。但就话语的本性而言，它可以划分为欲望性的、技术性的和大道性的。首先是欲望的语言。它是欲望直接或间接的显露。更进一步地说，它是人作为欲望者对于所欲物的欲求。其完整的语言表达式为：我要何物。其本性是占有。其次是技术的语言。它是人创造和使用的工具及其制作的物。它表达、交流并且算计，作为一个物并生产其他的物。其完整的语言表达式为：它是什么，它做什么。其本性是制作。最后是大道的语言。它言说存在的真理。它教导人们成为真理的倾听者、言说者和实现者。其完整的语言表达式为：你必须是什么，或者你必须要做什么。其本性是指引。

从语言学形态来说，大道的语言是说理的语言，而不是叙事和抒情的语言。它所言说的话语是关于万事万物的存在之道或者存在之理。事实上，关于道理的论说和议论唯有在语言之中才能充分明晰地展示出来。这种论说一般包括论点、论据和论证。论点主要表明道理是什么；论据主要揭示道理的根据，即此道理为什么；论证主要是证明道理的过程。一般的逻辑论证包括了归纳推理和演绎推理。它意在为道理说明根据和建立根据。但逻辑论证在根本上要建立在对于事物本性的直接揭示的基础上。大道的语言正是通过说理为事物建立了自身的根据，并且说明了这一根据。

当然，大道的语言也会通过叙事和抒情来表达自身的道理。如寓言是以叙事而言说事物的道理，如圣歌是以歌唱而宣扬神圣的道理。但无论是叙事，还是抒情，它们都成为了大道表达自身道理的语言形态。叙事主要是叙述一个事件，包括时间、地点、人物、事物发生的过程，即起因、经过、结果等。其中描写是语言呈现人物和景物的存在状态。抒情是抒发人对于世界万物的感情。它具有个体性、主观性和情感性等特点。它自身还可区分为直接抒情和间接抒情等。

基于如此的分析，我们就不能要求大道的语言要合乎某种历史的真实，并依据这样事实的真实来判定大道的语言的真伪。大道的语言的真实不是历史的真实，是某时某地已发生的历史和现实事件，而是道理的真实，也就是关于事物之道的真理。因此它比历史的真实更为真实。它所言说的既不是现实性，也不是必然性，而是使事物成为可能的可能性。由于这种本性，大道的语言所言说的不是语言之外的什么事情，而是语言自身所说的道理。在这样的意义上，大道的语言不是非纯粹的语言，而是纯粹语言。

大道的语言通过自身的言说召唤世界的到来。我们说，世界是天、人、心三元聚集。天是天地万物的自然性的存在。虽然在语言的到来之前，它们已经被给予了，但是它们是黑暗的、被遮蔽的。正是语言的召唤才使天地万物由自然世界走向人的生活世界，成为人的生活世界中的自然世界。它们由此进入到世界的光明，并向人敞开了自身。语言不仅召唤万物，而且召唤人并让人走向一条不同于动物的而只属于人的道路。它让不同的人聚集在一起，共同存在、思考和言说。最后语言也让心灵到场。心灵只有在语言之中才能实现自己并将自身表达出来。正是语言的召唤，天人心三者交互活动并构成了世界。

大道的语言不仅创建了一个世界，把天地心聚集在一起，而且指引出了一条正确的道路。它揭示存在的真理，使其由遮蔽状态进入到无蔽状态。凭借自身的光明，它展开了划界工作。它划清了什么是存在的和什么是不存在的，亦即存在和虚无、是与非。与此相关，它还区分了什么是显现的，什么是遮蔽的；什么是真实的，什么是虚伪的。在区分的同时，它还进行比较，分辨出什么是好的，什么是坏的；什么是较好的和什么是最好的。通过如此，它使人知晓并获得真理。

五、大道的形态

语言性的道既然要通过人的言说行为而实现，那么其显现的形态就具有人的民族性和历史性。这就是说，不同的民族具有不同的语言，也具有不同的大道话语；不同的历史具有不同的语言，也具有不同的大道话语。根据中西民族和历史的大道的话语，人们可以将它区分为神性的、自然的、日常的形态。我们分别论述这三种不同的大道或者智慧。

1.神性的智慧

神性的智慧主要是西方的智慧，其结构是由缪斯、圣灵和人的人性的言说的话语三者所构成的。

第一个时代（古希腊）的智慧是诸神言说的智慧。希腊的诸神不是一个神，而是众神及其父王宙斯。他们居住在天上，是不死者，是长存者。不仅如此，而且他们是有智慧的，知道一切。与此不同，人类居住在地上，是要死者，是短暂者。不仅如此，而且他们是没有智慧的，一无所知。因此人的居住要接受诸神的指引。诸神虽然是沉默的，但他们善于暗示。其中文艺女神缪斯赋予诗人荷马以灵感，让他去言说。荷马虽然是一个盲人，没有视觉的能力，更没有洞见的能力，但他有听觉，有倾听的能力。一种能力的丧失也许会天然地被另一种能力加倍的代偿。这就是说，荷马由于视觉的丧失而获得超强的听力。他听到了什么？他听到了神的寂静的声音，亦即缪斯的无声的呼唤。正是缪斯的灵感让荷马唱出了《伊利亚特》和《奥德赛》。《荷马史诗》并非一般文学体裁分类中的史诗，而是希腊人在世存在的教科书。其吟唱的主题就是诸神言说的智慧。它告诉人们，不要做一个一般的人，而要做一个英雄。英雄并非只是一个优秀的战士，而是古希腊对于人的本性的规定。但谁是英雄？作为一个英雄，人要具有四大美德：智慧、勇敢、节制和正义。智慧源于人的理性，它知道人与世界的真理。勇敢源于人的意志，它坚守可畏惧之事和不可畏惧之事之间不可逾越的信念。节制源于人的欲望，它要用高贵的欲望控制低贱的欲望。正义是前三者的和谐相处，各在其位，各得其所，保持一个合理的度。凡是具备这四种美德的人就不是一般的人，而是英雄。

　　第二个时代（中世纪）的智慧是上帝言说的智慧。上帝不是一个一般的存在者，而是一个超越一切的最高的存在者。他自身虽然是不可见的，但他将自身启示出来。这就是道成肉身，让不可看见的道变成了可看见的人。这个真神真人正是耶稣基督。虽然上帝是不可见的，但基督耶稣作为真神和真人将遮蔽的上帝之道显明出来。上帝之道就是上帝的神圣的话语，是生命的真理。它不仅创造世界，而且拯救世界。《新约全书》是上帝言说的智慧。它告诉人们，不要做一个一般的人，而要成为一个圣人。圣人并非一个神人，而是中世纪对于人的本性的规定。但谁是圣人？他也是人，和其他人一样具有原罪，但他和其他人不同的地方是，其他人对于自己的原罪没有忏悔，从而依然是一个带有原罪的罪人，亦即病人，而他是对于原罪进行了忏悔并被上帝救赎了的人，亦即治疗好了疾病的人。圣人受圣灵的感动，倾听并言说上帝的话语，凭借如此，他把上帝到来的福音传达给人们。人听上帝的话，就走在真理的道路；人不听上帝的话，就走在谎言的道路。圣人具有三大美德：信仰、希望和博爱。信仰是持以为真，把真理作为真理。基督教相信上帝的存在。这就是说，上帝是绝对的真理。他既是创世者，也是救赎者。希望是对于将要到来之物的期待，也就是对于上帝的来临及其应许的坚持。特别是在没有希望的时候，人要怀有希望。爱是将自身给予他人。博爱首先是人要爱自己的上帝，爱活着的神。同时人要爱他人，要爱人如己。最后人还要爱自己的仇人。那些具备了这三大美德的人就是圣人。

　　第三个时代（近代）的智慧是人性言说的智慧。人性不能等同于人，而是人的本性。本性让一个存在者作为这一个存在者而不是另一个存在者，正是人的人性使人成为人而不是非人。人之所以成为人，是因为人的人性是人的理性。它不同于外在于人的神性，而是内在于人的神性。凭借理性，人一方面建立了自己，另一方面建立了世界。人性的智慧通过近代的思想如卢梭等人的著作言说出来。它告诉人们：不要做一个一般的人，而要成为一个公民，亦即成为一个人性的人和自由的人。公民虽然也是人，但是一个特别的人，知道并实践自己的权利和义务。公民具有三大美德：自由、平等和博爱。自由是所有人皆拥有的做一切不伤害他人的事情的自主权。通过这种自主权，人不仅规定他自己，而且规定他的世界。不自由、毋宁死。这一口号强调了自由对于人的生命的根本意义。这就是说，自由就是生命，不自由就是死亡。平等主要意指在法律面前人人平等。它反对人与人之

间的等级制度和贵贱之分。博爱是人类普遍的爱。它由兄弟结盟之爱
扩展到人类之间无差别的爱。凡是具备这三大美德的人就是公民。

　　这三个时代的智慧形成了西方历史的每一个时代的开端性的话
语。如果对这些话语要提出后现代的问题"谁在说话"的话，那么人
们对于它的回答将是明晰的：智慧在说话。于是在不同的时代在说话
的不是荷马，而是缪斯；不是福音传播者，而是圣灵；不是卢梭，而
是人的人性，亦即人的神性。这些言说者自身就是言说的开端，不可
能回归于一个更高的本源。这在于言说者之所以可能成为言说者，是
因为他在言说中得到了规定，而他的实现正是话语。因此不是"谁在
说话"，而是"说了什么"才是根本性的。它作为话语召唤思想。因
为作为西方智慧的言说者是缪斯、圣灵和人的神性，所以西方的智慧
在根本上是一种神性的智慧。

2. 自然的智慧

　　与西方的神性智慧不同，中国的智慧是非神性的智慧，是自然性
的智慧。自然显现为天地。因此自然之道实际上是天地之道。它是
日月的运行，四季的变化，是天地自行给予的，是非人类和非人工
的。但什么是自然之道？它实际上是本性之道。这就是说，天地万物
皆依从自己的本性而存在。天作为天，天作为地，万物作为万物。自
然之道虽然是显明的，但是非语言性的，是朦胧的、暗示的和模糊不
清的。将自然之道的非语言性而转化成语言性是一个开端性的创新工
作。这只能依赖于圣人的言说。他代天立言，替天行道。人遵循圣人
之言，沿着自然天地之道而行。人依照自然的本性去存在，也意味着

依照人的本性而去存在。

人们一般将中国的思想分为儒、道、禅三家。儒家的圣人追求仁义道德，道家的理想是参悟天地之道，而禅宗认为，最高的智慧在于自我觉悟，亦即发现自性。

作为中国思想主干之一的儒家经历一个漫长的演变过程。儒家的创始人是孔子，他的继承者包括了孟子和荀子，他们一起构成了原始儒家。孔子的核心思想是关于仁爱的学说。比较而言，孟子主张性善论，建立了内圣的心性论；荀子则主张性恶论，倡导了外王的礼乐论。汉代的儒学的代表为董仲舒，他将儒学与阴阳家相结合。宋明儒学一方面吸收了道家的学说，另一方面也接纳了佛教的理论，为儒学的基本思想建立了各种本体论的根据。如张载的气本体、程朱理学的理本体、王陆心学的心本体等。20世纪的新儒学实际上是新宋明儒学。它们力图返本开新，主要是开出民主与科学。

但作为儒学思想的核心文本是孔子的《论语》。

《论语》是语录体，是孔子及其弟子的言行录。它虽然都是片言只语，但其中心却不离大道。它的所有话语都是道的现实化、日常化的展开和显示。孔子的道既包括了天道，也包括了人道。天道是天命，也就是天的无言的命令和规定。人道就是礼乐传统，也就是关于社会的法律、道德和信仰的规范。作为一个人，就是要去学道，知道，行道，并成为一个有道的人。

孔子所讲的道具体化为仁爱之道。仁者，爱也，因此仁爱并列。去爱就是去给予、去奉献，甚至去牺牲。仁爱在孔子那里主要包括了三个层面：第一，爱亲人。亲人是具有血缘关系的人，是天生的且具有等级关系的人。爱亲人主要是爱父母，爱兄长。这就是孝悌。其中尤其是孝道是根本。作为子女对于父母的爱，孝可以理解为对于自己生命本源的感谢与回馈，因此孝道一向被理解为天经地义的。第二，爱他人。这主要是爱君臣，爱朋友。他们是在父母兄弟之外的人，并不具备血缘关系。君臣是在王朝政权中形成的权力的上下等级关系；朋友则是那些志同道合的人。他们虽然不是亲人，但类似亲人。如君臣如父子，朋友如兄弟。第三，爱天地万物。它们不是人，而是物。这主要是天地间的一切存在者，如山水、植物和动物等。孔子说，仁者乐山，智者乐水。这其中包括了人对于天地山水的爱。

一个具有仁爱之德的人就是君子。不过孔子指出，一个君子有三达德：仁、智、勇。这也就是说，君子在有仁爱之德的同时，还要有智慧和勇敢。孔子说，仁者无忧，智者无惑，勇者无惧。这是对于君子三达德的阐释。

《论语》是一本君子之书，教人如何成为一个君子。

与儒家一样，道家也是中国思想的主干之一。老子是道家的创始人，其后继者有列子、庄子等，他们形成了原始道家。如果说老子更多言说道自身的秘密的话，那么列子则主要主张绝对的虚无，而庄子则重点描述人体悟大道的经验。魏晋玄学是一种新道家思想，一方面发展了道家的虚无与自然，另一方面吸收了儒家社会与政治理论。此后虽然道家自身并无独立的发展，但道教却以宗教的形态弘扬了道家的一些理论。20世纪道家虽然在国内缺少创新，但在国外却获得了回响。老庄的道引发了西方思想家布伯和海德格尔等人的思索。

作为道家的核心文本是老子的《道德经》。

《道德经》是诗歌体。它主要言说了道与德。道自身建立根据和本源，而德则是道自身的实现。《道德经》基本上阐明了道与人的关系。一方面，道生天地，由此生万物，生人类；另一方面，人法大道，也就是根据大道去思考、去言说、去生存。

論大道

老子所讲的道在根本上是自然之道。自然并非指由矿物、植物和动物所构成的自然界整体，而是指自然而然，也就是存在的本性。老子说，人法地，地法天，天法道，道法自然。其中所说的道法自然并非是指道法它自身之外的作为自然界的自然，而是指道法自身的本性。在这样的意义上，人法自身的本性，地法自身的本性，天法自身的本性。这就是说，天地人都各自法自身的本性，亦即法道，法自身的自然。

一个得道之人就是圣人。他是处于道与民众之间的人。一方面，圣人自身听道、观道、体道、言道、行道；另一方面，他将此道传播给天下民众，让他们行走在大道上。

《道德经》是一本圣人之书，教人如何成为圣人。

与儒家和道家不同，禅宗在唐代才成为中国思想的主干之一。佛教虽然产生于印度，但繁盛于中国。汉魏还只是印度佛学的引进，到了唐代才是中国大乘佛教的创立。此时出现了唯识宗的唯心论、天台宗的圆融说和华严宗的一即一切的思想。但真正具有革命性的事件是禅宗开辟了中国佛教历史新的道路。六祖慧能是禅宗真正的祖师，创立了明心见性的法门。此后的五家七宗不过是这一法门的具体化和多样化。明清以来，禅宗虽然存在，但并不兴盛。到了现代，禅宗遇到了新的生机。太虚大师的人间佛教要让佛教从鬼神回到人间，解决人生问题。不仅在中国，而且在国外，禅宗也得到了弘扬。铃木大拙将唐宋的禅宗传播到欧美，而海德格尔则在禅宗那里似乎遇到了一种与西方思想根本不同的东方思想的知音。

禅宗的核心文本是慧能的《坛经》。

《坛经》是语录体，是慧能所讲的佛法和接引弟子言行的记录。慧能思想的主题同样是道，也就是关于成佛的正道。一般的佛法三学包括了戒学、定学和慧学，大乘的六度则扩展为布施、持戒、忍辱、精进、禅定、般若。慧能的禅宗继承了佛法的正道，但他所讲的禅并非禅定，而是慧学或者是般若。般若作为一种独特的智慧，其根本是缘起性空和性空缘起。空并非一无所有，而是指三法印（诸行无常、诸法无我、寂静涅）和一法印（实相无相、实相无不相、实相无相无不相）。这是一种独特的道，既不同于儒家的仁爱之道，也不同于道家的自然之道。

慧能的禅宗之道实质上是一种心灵之道。其核心是即心即佛，亦即佛就是心，心就是佛。慧能所宣扬的般若智慧可简单地表述为：心色如一，空有不二。何谓心色如一？这是说，心灵和存在是同一的。用佛经的话来说，心生则种种法生，心灭则种种法灭。何谓空有不二？这是说，无论是心灵还是存在，它们既是空的，也是有的。正如佛经所说，色即是空，空即是色。色不异空，空不异色。

一个觉悟的人就是成佛之人。佛并不是释迦牟尼一人，也不是各种佛菩萨的偶像，而是一个觉悟的人。慧能认为，菩提自性，本来清静，但用此心，直了成佛。只要人的心觉悟了诸法实相，也就是心色如一和空有不二，人就成佛了。慧能的心灵之道重在明心见性，也就是觉悟本心和本性。其关键是人完成由迷误到觉悟的心念的转变。这一转变就在一念之间。慧能将之称为无念法门。它包括了三无，亦即无念、无相和无住。无念是无邪念，而有正念；无相是不执著于一相，无住是不停滞于一行。

《坛经》是一本成佛之书，教人如何顿悟成佛。

如上所述，儒家主要言说了社会的智慧，道家主要言说了天地的智慧，禅宗主要言说了心灵的智慧。这三家构成了中国历史上精神世界的整体。为何不多不少？为何不可或多或少？这在于中国历史上的

論大道

精神世界的结构显示了其相应的现实世界的结构。

中国的人有其独特的世界的整体，它就是一般所说的天地人结构。

人生活天地之间。这是一个既定的事实。但谁创造了天地？什么是天地的开端？没有谁创造天地，也没有什么构成天地的开端。天地自身如此，自然而然。它们已经存在了，而且就是如此存在。一般认为，天在上，地在下。其实天包围了地，地中立于天。天地虽然一体，但还是有所分别。大地有山川、植物、动物，还有人；天空有日月星辰，还有阳光雨露。天地不仅提供了一个空间，而且其自身的运转形成了时间，日夜的变化，四季的轮回。

人虽然生活在天地之间，但其最直接的世界却并非天地，而是自己所建立的社会。人活着意味着人生在世，也就是生存于人自身的世界。人首先生活在家里。人作为子女都是父母生的，当然他也会作为父母生出自身的子女。如此循环，无穷无尽。在家里，就有父子、夫妻和昆弟的人伦关系。人其次生活在国里。国是由无数的家庭构成的整体。每家虽然都是独立的，但只有在国之中才能长存下去。在国之中，人与人形成了新的关系。这就是君臣和朋友。

人不仅生活在天地之间，家国之中，而且生活在心灵世界里。天地没有心灵，只有人类才有心灵。因此在天地人的世界之外，并不存在一个孤独的心灵，仿佛上帝或者神灵一样。心灵作为人的特性，它思考存在，并诉诸语言。作为如此，它照亮了人与天地。一方面，人知道了自己是谁；另一方面，人知道了世界是什么。心灵开辟了一条天地人之间的通道，让人与天地相遇。但心灵不仅反映、显示存在，而且指引、创造存在。心灵绝不只是被动的，而是主动的。人的心灵能够去构造天地人。在这样的意义上，心灵在与天地人关联的同时又有自身不同于天地人的独立的本性。这一本性正是心灵的奥妙。

根据上述简要分析，中国的天地人结构实际上可区分为三个维度。首先是天地。这是由天地之间的矿物、植物和动物（包括人）所构成的自然整体。其次是社会。这是家与国所形成的国家，是人出生、结婚生育、劳作休息和死亡的地方。最后是心灵。这是天地之间的人的最伟大的特性。它既相关于天地人的存在，也有自身超离天地人的独特本性。

儒家、道家和禅宗的思想就刚好对应于天地人整体中的三个维度。其中道家主要对应于天地，儒家主要对应于社会，禅宗主要对应于心灵。这是儒道禅之所以是中国历史上精神世界的三大主干的根本原因。它符合了一般建筑术的原理。一个建筑结构是由其必需的要素构成的。此要素不多不少，而不是或多或少。因此中国思想的整体不可能由儒道禅之中的任何一家来代替。如果唯有儒家的话，那么就只有社会，而缺失了天地与心灵；如果唯有道家的话，那么就只有天地，而缺失了社会与心灵；如果唯有禅宗的话，那么就只有心灵，而缺失了天地与社会。中国历史的精神世界既不可能缺少儒道禅中的任何一个维度，也不可能在儒道禅之外增加任意一个维度。这在于天地、社会和心灵构成了一个封闭整体，不可能嵌入任何一个与这个整体不相吻合的部分。例如，这样一个天地人的整体就不同于一个天地人神的整体。天地人的整体没有上帝和诸神的存在，也不可能引入上帝和诸神的到来。数百年来，基督教在中国一直在传道，但是圣灵始终没有降临到中国的精神世界。

儒家的智慧主要是关于人生在世的智慧，但它在世界结构的等级序列的安排中始终是将天地放在基础性的位置。这就是说天道是人道的根据。道家的智慧的核心是人与自然关系的智慧，主张人要如同自然界那样自然无为。禅宗的智慧的根本是关于心灵的智慧，意在回到心灵自身，回到它光明的自性。这三者实际上都肯定了人的自身给予性，也就是自然性，而不是与人不同的神的启示和恩惠。不仅如此，而且它们甚至让精神沉醉于自然，也就是使精神始终囿于自然的限制，而不是让自身成长。

3. 日常的智慧

除了上述神性的和自然的两种主要的智慧形态之外，现实中还有一种日常的智慧形态。它主要保存在日常语言之中。日常语言是人们日常使用的语言，是每个人都言说和倾听的语言。它或是人的独白，或是人与人对话。

在日常智慧的语言活动中，谁在言说？他并非是日常生活中的每一个人，而是一些特别的人。一般而言，这些言说者是神人、古人、老人和名人等。为什么是神人说？这是因为他虽然是人，但具备神一样的智慧；为什么是古人说？这是因为他言说的话语虽然历经千百年，但仍能为人所传承；为什么是老人说？这是因为他积累了漫长人生沧桑的经验；为什么是名人说？这是因为他的名声具有声望和广泛的影响力。尽管这样，但日常智慧的言说者常常是保持在无名之中。神人、古人、老人和名人等言说者可以很简单地被置换成一个通用的言说者：人们。人们是谁？他没有身份证，亦即没有姓名、性别和年龄。这个通用的言说者甚至会隐去自身，以至于无人言说，而只是让语言自身言说。因此人们说会转化成常言道，也就是一般的语言言说。这些不同形态的言说者向日常生活中的芸芸众生讲述了关于日常生活的智慧。

日常智慧如何言说？显然它有别于西方神性的智慧和中国自然的智慧的言说方式。古希腊智慧的言说是荷马的歌唱，中世纪智慧的言说是圣人的宣道，而近代的智慧是公民的言谈。中国儒道禅的智慧也表现为不同圣人的言说。它们分别是孔子的教诲、老子的讲道和慧能的说法。但日常智慧的言说有其独特的方式。它往往借助于谚语、格言和箴言等语言形态而言说。谚语是广泛流传的言简意赅的语句；格言是含有教育意义的可作为行为准则的字句；箴言是规谏劝诫的话。如此等等。

这些日常智慧语言言说的基本特点是口头性。它虽然与书写语言相关，但主要是口头创作和口头传播。这使它有别于书写语言所形成的一个完整性和系统性的大文本，而是一个个片段性和破碎性的小文本。它一般只是一个短小的句子，或者是由一个由句子所简化的核心语词。其内容相关于日常生活，是通俗的、易懂的。即使那些文盲也能够听得懂，说得出。与此相应，其形式上也具有独特的修辞学特色，如对仗、对比、比喻、夸张等。它还有的采用韵文体。如此这般的日常智慧语言就朗朗上口，便于人们广泛和经久的传播。日常语言的智慧当然具有一般智慧语言言说的根本特性，亦即不是陈述性，而是指引性，但它更凸显了劝慰、鼓励。借助于日常的智慧语言，人一方面指引自己，另一方面指引他人。

日常智慧的语言说出了什么？它说出了日常生活的真理，指引人们正确地存在于日常生活世界之中。人的日常生活无非是衣食住行，与人打交道，与物打交道，与心打交道。日常生活的智慧为人提供了为人处世的法则。它分辨什么是真善美，什么是假恶丑。这又集中为一个核心问题，亦即善恶问题。日常智慧的语言劝慰人们区分善恶，去恶从善。人们不要当一个恶人，而要当一个善人。这具体地表现为要去掉恶念、恶言和恶行，而存善心、说善言和作善行。日常智慧的语言还宣扬一种因果报应的学说，允诺恶有恶报、善有善报，不是不报，而是时候未到。这为行善和行恶的人们指出了最后审判的可能性。

但日常生活的智慧也会混淆于聪明，甚至走向自己的对立面：愚蠢。这在于在神人说、古人说、老人说和名人说的名义下，它没有对于日常生活本性从事真正的思考，而缺少深度和广度，只是一些粗糙和简陋的意见。它的有些话语似是而非，即它虽然看起来是真理，但实际上是谬误。日常语言所使用的样式如谚语、格言、箴言、传说、故事和民谣等简单的语言表达式也具有天然局限。它既缺少充分的揭示，也没有必要的论证，而是一些强加的比附，甚至是不恰当的比喻。因此日常智慧的语言虽然遍及于一般的民众及其日常生活，但仍然需要人们明确地分辨：什么是真正的大道？什么是伪装的大道？什么是真正的智慧？什么是伪装的智慧？

第五章

欲技道的游戏

一、何谓游戏

　　生活世界是欲望、技术和大道或者智慧三者的聚集活动。它们共同参与，相互传递，彼此生成。我们称这种活动为游戏。

　　我们试图从现代汉语对于"游戏"的一般理解出发来探讨它的本性。游戏一词是由游和戏构成。游是生物的一种活动，而区别于走和飞。走是生物在陆地之上行走，飞是生物在天空之中飞翔，而游则是生物在水面游行。游与水的这种关系表明游本身是一种随意的和自如的生物体的活动。这一意义的范围也扩展到陆地和天空中的活动，如游走和飞游。与游不同，戏主要是指玩耍活动，如嬉戏。当戏是在"戏言"和"演戏"的意义上使用时，它所指的事情是虚幻的，而不是真实的。作为合成词的游戏基本上保存了"游"和"戏"的语义。我们日常所说的游戏主要意味着随意的玩耍活动。当然，鉴于西方语言对于现代汉语的影响，我们也有必要稍微顾及到它们关于游戏的使用。英语和德语的游戏在含有玩耍的意义之外，还意指赌博和竞赛。不过人们还使用自由游戏这一说法，以强调游戏的自由本性。

　　但游戏自身是什么？对此人们并无定论。在日常语言中，游戏并不具有十分肯定性的意义，相反是否定性的，至少也是中性的。它最容易想象为儿童消磨时光的玩耍。那些丢掉了童年时代玩具的成年人会把它看作毫无意义的行为。如果不是这样的话，那么游戏也会被轻视为一种玩世不恭的人生态度。大智大德的人们会讲出这样的箴言：

論大道

"如果你游戏人生的话，那么小心人生游戏你。"

与日常语言不同，游戏是现代思想的关键语词之一，似乎成为了理解存在、思想和语言的奥妙的新的通道。哲学有大量关于存在游戏、思想游戏和语言游戏的研究。人们关于游戏的思想有其时代差异，如在历史上将其更多地理解为自身建立根据，在现代和后现代将其主要地解释为自身消解根据。尽管如此，但它始终被把握为存在者在其自身之外没有其他任何根据的活动。

游戏有多种形态，如围棋、象棋和各种球类运动。但生活世界的游戏不是指人类某种具体的游戏活动，而是指人生在世的存在自身，包括他的思想与言说。此种意义的游戏不是小游戏，而是大游戏。大游戏是说：存在就是游戏。不仅人生，而且世界万物都在游戏。

人如何去参与游戏活动？这在根本上是由规则所确定的。游戏规则是什么？它是游戏的根据，是人的活动的尺度。它划定了道路，人只能在指定的道路上行走。一般而言，规则不是现成既定的，而是人或者他所委托的代表所制定的。规则既不是在活动之外的预先设定，也不是制定者自己随心所欲的产物。它是从活动的本性而来，并且能保证活动的本性展开而去。因此规则是活动本性的要求和呼吁，制定者不过是如实地听从了这个呼吁并把它言说出来而已。在这样的意义上，游戏活动的规则是游戏活动自身所建立的根据。当然，规则也不是一成不变的，而是有制定、修改、废除和新立等不同的环节。

游戏规则虽然是人所制定的，但不是人规定了游戏规则，而是游戏规则规定了游戏者。游戏者只是按照游戏规则去开展自身的自由的游戏活动。因此游戏者必须遵守这些游戏规则。只有当人服从游戏规则时，他才能去游戏，否则就不能去游戏。在此基础上，人们从个人的意愿出发并努力达到他自身的目的。但这一目的并不是规则所预先固定设立的，而是随机变化的。因此游戏是自由的。

　　游戏活动从来不是一个人的游戏，而是人与人或者是人与物的游戏。即使有些游戏活动看起来是一个人独特的活动，但也一定是一个人与某一现实之物和非现实之物之间的共同活动。例如当诗人写诗时、音乐家作曲时、画家绘画时，他们所从事的活动并不是孤独的游戏，而是聚集的游戏。因此任何一种游戏活动都包括了不同的游戏者，亦即同戏者。虽然它们都必须遵守同一游戏规则，但是都有自己个人独特的意愿和目的。这样在游戏活动中，同戏者的关系则是多样的。它们共在，不允许必要者的缺席。唯有如此，才能使同戏者的游戏活动得以展开。在此基础上，它们同意并遵守规则。它们竞争，努力争取优先实现个人的目的。它们相生，即某一游戏者的活动会促进另一游戏者的生成。它们相克，即某一游戏者的活动会克制另一游戏者的生成。因此同戏者既可能是朋友，也可能是敌人，也可能集合为朋友般的敌人或者敌人般的朋友。在某一时间、地点限定的游戏活动中，同戏者就有赢、有输。这会导致三种可能性，零和、双输和双赢。但对于人类整体活动而言，游戏并没有一般意义的输赢，而是一种永远不会终结的互动，如同一盘下不完的棋。

二 、欲 、技 、道 的 游 戏

　　我们这里所指的游戏不是指某一具体事物的游戏，而是指生活世界的游戏，亦即欲望、技术和大道的游戏。如果事情是这样的话，那么它就是一种有规则的自由活动。

欲技道的游戏规则是什么？欲技道作为人生在世的根本活动是其自身的生成。这一本性要求欲技道游戏的规则是生。生不仅意味着存在者自己的生命、生长，使自己成为其自身，而且也意味着让其他的存在者获得生命和生长，让它们成其为自身。据此，欲技道的游戏的规则获得了更加具体的规定：欲望自身生长、技术自身生长、大道也自身生长。同时欲望让技术和大道生长，技术也让欲望和大道生长，大道也让欲望和技术生长。欲望、技术和大道三者共在共生。既然欲技道游戏的规则是生，那么它就否定了作为其对立面的死。这就是说，游戏的规则是保证欲技道去生，而不是去死。同时凡是合乎这一规则的活动则得以生，凡是违反这一规则活动的则得以死。

生是欲技道游戏的基本规则。那么是谁制定了这一游戏规则？显然它不是上帝和诸神制定的。虽然人们相信上帝创造并拯救世界，并由此可以制定世界最根本的游戏规则，但是这一信仰本身只是特定的欲技道游戏的历史性产物。游戏规则也不是天制定的。虽然人们也相信天不仅是最高端的，而且也是最普遍的，为天地人的世界制定了天则。但是这一观点本身也必须在欲技道的游戏的历史形态中得到解释。它最后也不是人所制定的。虽然人参与了欲技道游活动的规则的制定并对于它进行实施，但不是人去制定欲技道的游戏规则，而是人反过来被这一游戏规则所规定。作为如此，欲技道的游戏不是人所支配的活动，而是生活世界本身的活动。因此不是人规定了游戏，而是游戏规定了人。既然上帝和诸神、天和人都不是欲技道游戏规则的制定者，那么欲技道的游戏就没有一个外在的规则，也就是没有一个外在的规定。因此它是一个没有外在原则的活动，或者是无原则的活动。作为无原则的活动，欲望、技术和大道的游戏不根据某种既定的规则来展开自身。

当我们排除欲技道游戏的外在规则制定者之后，这里就只有一个唯一的可能：欲技道由自己制定规则。它们是自身游戏规则的制定者。但值得注意的是，这三者任何单独的一方都无权制定规则。不仅欲望单方面不能制定规则，而且技术单方面也不能制定规则，甚至大道或者智慧也不能单方面制定规则。为什么大道或者智慧在此也无优先的地位和权力？它看起来似乎可以制定规则，但其实它在根本上只是让知道，也就是让人们知道欲望的本性，让人们知道技术的本性，并知道自身活动的边界，由此为游戏规则的制定提供一个条件。大道或智慧的本性不是占有或者制造，而是指引，亦即让存在或者不让存在。

其实欲技道游戏规则的制定在根本上只是欲望、技术和大道三者之间的约定，是它们三者之间形成的契约。这一游戏规则无非是要让欲望、技术和大道三者生生不息，并由此不断生成世界。对于欲望、技术和大道三者而言，当它们合乎规则时，就会生；当它们不合乎规则时，就会死。因此欲技道游戏是根据生的游戏规则去自由活动。

让我们更细致地描述这一游戏，看它自己究竟是如何发生的。

1. 欲望的角色

生活世界的游戏原初是被欲望所推动的。欲望是人的存在的基本的活动。人作为欲望者指向所欲物，去占有它并消费它。

但只要欲望要满足自身的话，那么它就需要技术。欲望将自身设定为目的，将技术作为手段。由此欲望让工具获取所欲物，为自己服务。这需要人不仅要使用自己身体及感觉器官，而且要使用外物作去生产物。但欲望自身是不断扩展的，需要技术相应地发展。这促使人不断地发明、抛弃和创新工具，并制作新物。

欲望不仅需要技术，而且也需要大道。欲望虽然与人的身体同在，与人的生命同在，但是黑暗的和盲目的。尤其是人的本能性的欲望只能让人在黑夜中行走。这使人生存在一条充满危机的道路上。这条道路是危险和机遇的叠加，或者使人进入危险之路而死亡，或者使人进入机遇之路而生存。因此欲望渴求大道的来临，让大道说出欲望的本性与边界是什么。只有在大道的规定下，欲望才能在其实现过程保证自身的满足。

2. 技术的角色

在生活世界的游戏中，技术扮演着和欲望不同的角色。它似乎从来都不是自在自为的，而是为它所用的。

技术是人的欲望实现的必要条件。没有技术，欲望就不可能实现；只有技术，欲望才可能实现。因此技术比欲望更加重要。它不仅要效劳于欲望者，而且要作用于所欲物，由此使所欲物满足于欲望者。技术通过充分的技术化既穷尽物的有用的本性，也深入探索并满足人的欲望的本性。它不仅要实现人的欲望中显露的部分，而且要实现其隐蔽的部分。但技术不仅能满足欲望，而且能刺激欲望。这就是说，技术不仅能制造所欲物，而且能制造欲望者本身。经过技术化制造的欲望不仅能使其一些基本的形态如食欲和性欲具有丰富的内容和形态，而且能在一些原始欲望的基础上激发新生的欲望。

　　技术一方面与欲望发生关联，另一方面与大道发生关联。就其最初的本性而言，技术只是作为源于人的欲望并满足它的手段，因此它只是听命于欲望。这就使技术和欲望一样是黑暗的，而不知道自身。当然技术不仅是满足欲望的手段，而且会脱离欲望以自身的发展为目的。这就是说，它不仅只是一个手段，而且也是一个目的。这个以自身为目的的工具不是有限的，而是无限的。正如人们所说，没有最好，只有更好。它在创新的口号下走着自己的路，从旧到新，从无到有。如此这般，技术就像脱缰的野马离人而去，奔向自身所开辟的无限的道路。但是它并不知道自己要走向何方，更不知道自己会如何改变世界中存在的物与人。这意味着技术没有最终目的，而是不断否定和超越自身的目的。这样它可以无限地制造自身，并以此无限地制造物，也同时制造人。如此这般的技术就其自身而言是没有边界的。但它也把人与物同时拉入危险之中。它一方面可能是物与人的生存，另一方面可能是物与人的毁灭。因此技术自身的发展需要大道的到场。唯有大道能够告诉技术自身的本性与边界是什么。

3. 大道的角色

　　当欲望和技术各从自身的角度来参与生活世界的游戏时，大道（智慧）也到来与它们同戏。作为大道的智慧自身本来是与欲望和技术不同而分离出来的知识。它是关于人的存在的真理。但大道并不外在于欲望与技术。它既是欲望之道，也是技术之道。智慧是知道者和引导者。凭借如此，它指引欲望和技术。

　　作为欲望之道，大道首先让欲望知道自身。人原初的欲望是本能冲动的，但经过大道光明的照耀，他知道了自身的欲望。这样遮蔽的欲望变成了显明的欲望，无意识的欲望变成了有意识的欲望。原初的欲望的现象虽然只是"我要"，但是人不知道"我要"。只有经过大道指明的欲望才知道我要什么。

在指明欲望的本性基础上，大道其次分辨了它的类型，将其分为身体性与精神性的、私人性与公共性的、消费性与创造性的、贪婪性与适度性的。大道指出哪些欲望是可以实现的，哪些欲望是不可以实现的。在欲望众多的区分中，最重要的是善恶的区分。欲望就其自身而言，它是这样，是如此这般存在着。其本性既非善，也非恶。但当它进入到人与世界的游戏之中并与人和世界发生关联的时候，它便具有了善恶的特性。欲望的善恶的区分在根本上在于它是否合乎生活世界欲技道游戏的基本规则。凡是利于生的欲望就是善的欲望，凡是不利于生的欲望就是恶的欲望。善的欲望合乎游戏规则，而恶的欲望不合乎游戏规则。当然除了善与恶的欲望，还有无善无恶的欲望。

但不管是本能性的欲望，还是非本能性的欲望，它们都有自身的限度。因此它们不是无限的，而是有限的。同时所欲物也只是对于欲望的需要而言才是所欲物，而对于满足了的欲望便不再是所欲物了。但如果人在满足了欲望之后还拼命地追求所欲物，那么此时的欲望便不是对于某物的欲望，而是对于欲望的欲望。事实上某物在此其自身存在的意义并不重要，是否能满足人的某种欲望也不是关键问题。它虽然是一个所欲物，但是一个剩余的所欲物。这实际上表明，人的欲望并非是要获得某一确定的所欲物，而只是为了扩展欲望自身。如果事情是如此的话，那么人对于欲望的欲望将是无边的，而作为欲望的欲望的所欲物也是无数的。这就形成了贪欲，亦即一种越过了自身界限的欲望。贪欲者甚至将自身等同于一个欲望者，只是沉溺于对于欲望的无限追求之中，如贪吃好色，攫取财产、权力和名望等。他们在对欲望的欲望的追求过程中感到了自身的存在。但这种无限的欲望不是良性的无限，只是恶性的无限。它使人们完全无视自己的存在整体，即人与世界的关联，而只是专注于自己的欲望和所欲物。但贪欲或者贪婪是万恶之源，会让人触犯规则，去占有人与物。

大道指引人的欲望，亦即让欲望走到一条正确的道路上去。这一方面是以道制欲，另一方面是以道引欲。

所谓以道制欲主要是指人根据智慧的规定去克制自己的欲望，特别是恶欲。一般宗教和道德的戒律就是如此。但人们不仅要绝对禁止恶欲，而且要克制一些无善无恶的欲望。这包括人们的一些基本生存的欲望，如吃饭穿衣等。正是因为如此，所以人们才要节食缩衣等。

但人克制欲望有一个过程。

无欲的极端形态是人否定身体自身。人虽有身体存在，但他无欲无求，如古井枯木。他将自己设定为一个非欲望者，似乎没有身体，没有感官和感觉。他既不渴求所欲物，也不接受所欲物的刺激。更进一步的策略是，人遮盖自己的身体，避免欲望的发生。不仅禁止在公开场合裸露身体，用衣物遮蔽身上的敏感部位，如阴部和胸部，而且遮盖四肢，乃至脸部。这旨在防止人诱惑他人或者被他人所诱惑。更极端的情形是，人消灭自己的身体器官，如阉割性器官。在这种情形下，人虽然活着，但无法实现正常的性行为。有人是自己主动要求阉割的，有人是被动为人阉割的，也有人是天生被阉割的。

但人们一般主张的无欲并非是消除身体的一切欲望，而是寡欲和少欲，亦即减少欲望。只要人活着，他就有欲望，因此欲望是不可以被消灭的。一旦人的欲望被消灭了，他的生命也就不复存在了。当主张无欲的时候，人们实际上是要消除贪欲，亦即那些无限增长的欲望，而保持并且满足那些人的生存所需要的最少和最低的欲望。有了这些欲望的实现，人们就可以免除死亡的威胁，而能更多地从事于人的欲望之外的事情。

在这样的无欲中，人还存在着对于欲望的意志。这就是说，虽然人们不去欲求那些贪婪的欲望，而只是欲求那些有限的欲望，但是人自身毕竟保留了欲求这一念头，亦即欲少欲、欲寡欲、欲无欲。同时人们要以无欲反对有欲，时时处处与多欲、贪欲和有欲作斗争。这使人的存在处于欲无欲的矛盾与冲突之中，从而也会带来人自身的痛苦。

在欲无欲之后，人所追求的是无无欲。无欲是人对于欲望尤其是贪欲的否定，但它之中依然保存了欲无欲。作为对于欲无欲的否定，无无欲使人们摆脱了欲望的限制，而从其中获得了自由。当然人们也不可以执着于无无欲的无本身，而要无无，达到无自身的否定。唯有如此，人才能彻底地消解欲望的最后影子的束缚。

在以道制欲的同时，人要以道导欲，亦即他让欲望导向善的方向与道路，从而遵守利生的游戏规则。

大道首先要求人们把贪婪性的欲望转向适度性的欲望。这种适度性的度不是其他某种尺度，而是人性与物性。一种不合乎这种度的欲望是贪婪性的，反之是适度性的。当人实现适度性的欲望的活动时，他不会伤害人性，反而能促进人性；不会伤害物性，反而能促进物性。这把人的欲望活动引入游戏规则所规定的游戏之中，亦即让人与物相互生成。

其次，大道也要求人们不仅展开他身体性的欲望，而且也展开心灵性的欲望，使人成为一个全面发展的欲望者，一个身心合一的存在者。如果人只是片面地追求身体性的欲望的话，那么人就堕落成了一个动物；如果人只是片面地追求心灵性的欲望的话，那么人就虚幻化为一个神灵。因此人必须克服欲望的单维化，而做到身心共在和身心交融。他身体性的欲望也是他心灵性的欲望，他心灵性的欲望也是他身体性的欲望。

再次，大道引导人的欲望不仅注重其消费性，而且注重其创造性。欲望的实现当然会消费人与物，但也会创造人与物。人的生活世界并不是自然给予的，而是人类自己创造的，而欲望就是创造世界的原始动力。从欲望出发，人既改变了物，也改变了人。同时人也创造了无数的新物与新人。这些物与人并不只是为人所占有和获取，而是能成为其自身，保持自身的物性与人性。因此一种创造性的欲望是对于人占有和获取的意愿的克服，是对于人与物的存在的泰然任之。这就是说，人欲望去创造人与物。但在创造的同时，他的欲望不断地隐退和消失，只是呈现所创造的人与物。

最后，大道既注重人的私人性的欲望，也注重他人性的欲望。在同一个世界上，每人都有自己私人性的欲望。这些欲望与他人性的欲望既有同一性，也有差异性。为了实现私人性的欲望，人与他人既有合作，也有斗争。大道充分考虑到了这种同一性和差异性。就欲望的同一性而言，有些欲望是每个人都共同的。因此，己所不欲，勿施于人；己所欲，方施于人。就欲望的差异性而言，有些欲望是每个人都不一样的。正如人们所说，每个他者的欲望都是他样的。因此，不仅己所不欲，勿施于人，而且己所欲，亦勿施于人。这里只能让他人的欲望他样地实现。大道告诫人们：人们既要利己，也要利人。唯有利己利人，人们才能共生共荣。

在这种大道和欲望的关联中，道与欲不再是分离的、矛盾的，而是统一的，甚至是同一的。这就是所谓的道欲合一。人欲即天道，天

論大道

道即人欲。

通过以道制欲和以道引欲，大道指出哪些欲望是可以实现的，哪些欲望是不可以实现的。大道对于欲望的克制与指引不同于一般所谓的禁欲主义。历史上的许多宗教、道德和哲学都主张禁欲主义。它们认为欲望是罪恶和迷误的根源，既导致人自身痛苦，也导致整个世界的堕落。因此人要最大可能地禁止自身的欲望，尤其是身体性的欲望，如食欲和性欲。但禁欲主义只能是相对的，而不可能是绝对的。如果人彻底地禁止欲望的话，那么他就没有了身体，从而也失去了生命的活动。

大道不仅反对禁欲主义，也反对纵欲主义。与禁欲主义相反，纵欲主义似乎在欲望的追求和满足中找到了通往幸福、快乐和美满的通道。身体性的欲望如食欲和性欲在此获得了特别的意义。历史上一些宗教中的邪教、一些道德上的享乐主义者和一些哲学上的非理性主义者都是纵欲主义的鼓吹者。但欲望是不能无限放纵的，这在于其结果只能是所欲物的消耗和欲望者自身的毁灭。

事实上，禁欲主义和纵欲主义都没有意识到欲望的真正困境，即欲望的压抑。不仅如此，而且它自身就是欲望压抑的思想根源。禁欲主义当然试图去压抑欲望，使它不敢越雷池一步。纵欲主义看起来不是压抑欲望，而是放纵欲望，但实际上是一种更极端的压抑。这是因为它促使欲望越过自身的边界，让其在自身消灭自身。当代对于欲望的压抑主要在于技术主义和虚无主义。技术主义不断在制作欲望，虚无主义则让欲望成为了无限制的洪水猛兽。它们促进了欲望的生产和满足，让世界成为了一个巨大的欲望的市场。在这样的关联中，欲望不是人的欲望，而人成为了欲望的人。

关于欲望困境的思考当然召唤欲望的解放。一方面，人要从关于欲望的各种主义中解放出来。人们既不要主张禁欲主义，也不要主张纵欲主义，而是要认识欲望的本性，使其回归自身。另一方面，人要从关于欲望的各种建制中解放出来。一些饮食文化、还有一些男女关系如婚姻制度等构成了人的基本欲望的现实形态。现代的消费经济、娱乐产业和时尚潮流也构成了欲望的新的生态。对此人们必须考虑应该从事一种什么样的欲望的生产。

大道不仅是欲望之道，而且也是技术之道，指引技术展开其活动。大道思考技术的本性与现实，指明其与物和人的关系。在大道的光芒中，技术知道了自己的本性，并清楚了自己与物及人的关系。在大道的指引下，一个知道了自己本性的技术就会知道如何去制作物与人。

大道确定了技术的边界。一般人容易把科学与技术混淆在一起，以科技的名义谈论技术。因此人们认为科学无禁区，技术也无禁区。事实上，科学作为知识学是知道，因此可以知道一切。尽管这样，科学也有它的限度。人们一般所说的科学是自然科学，只是探索自然物。即使当它探索人的时候，它也只是把人看作一个物，一个有思想的动物。它所探讨的是人的物性，而非人的人性。因此科学只能揭示物的知识，而不能揭示人的真理。在这个意义上，科学虽然没有禁区，但是有其限度。与科学的知道不同，技术只是制作。这就是说，它要制作一个物，甚至也制作一个作为物的人。技术的制作物包括了三个方面：第一，制作一个什么样的物？第二，如何制作这个物？第三，为什么制作这个物？其目的是什么？

关于第一个问题：技术既可以制作自然物，如种植植物，养殖动物，也可以制作人工物，即那些在大自然现成没有的人工产品。其中有的可以作为工具，即只是充当手段的存在者；有的则可以作为作品，即以自身为目的的存在者。但这里存在一个疑问：是否一切物都可以制作？

关于第二个问题。制作物的过程中需要使用手段，亦即工具及其工艺。它们不仅包括无生命的物，而且也包括有生命的物，甚至还包括人本身。这里存在一个问题：为了达到制作物的目的，人们是否可以采用一切手段。如果对此回答是肯定的话，那么手段可以是无限的，即人们可以不择一切手段，不管它是正义的还是非正义的；如果对此回答是否定的话，那么手段只能是有限的，即人们必须选择某种手段，只能是正义的，而不能是非正义的。

关于第三个问题：技术所制作的物如何与人的存在发生关联。一个制作物出现在世界的时候，它就是一个世界内的存在者。它不仅与人发生关联，而且与物发生关联。所有这些问题都关系到欲技道游戏规则的根本问题，亦即技术是利生，还是害生？

大道在让人们知道技术的本性的基础之上，分辨不同的形态。技术根本的区分就是：它是有害的，还是无害的。由此进一步区分：它是合于自然的，还是破坏自然的；是合于伦理的，还是不合于伦理的；如此等等。

通过区分，大道指引人的技术活动。人一方面是以道限技，另一方面是以道引技。

所谓以道限技首先要消除害生（害物和害人）的技术。这些技术的发明和使用最初也许只是显现了它有用的一面，而没有显现出它有害的一面，但最终暴露出其利害兼备，甚至害大于利，有害无利。它们会毁灭物与人。如农业技术。农药化肥污染了土地、河流，伤害了动植物。如工业技术。工厂的废气让新鲜的空气变得污浊，废水让清澈的河流发黑、发臭、有毒。如军事技术。它成为了杀人的利器。原子弹的爆炸不仅将消灭已有的一切生命，而且也会伤害未来的一切可能的生命。生化武器成为一种杀人机器，它不仅会让死亡者死亡，而且也会让幸存者痛苦。

其次要限制目前利害未明的技术。技术以它日新月异的速度在发展，现在出现了许多创新的种类。典型的有对于物的技术如转基因技术；对于人的技术如生育技术（性别选择和基因编辑）。人们目前只是看到了这些技术有利的一面。如转基因技术使农作物不仅可以抗病虫害，而且可以提高产量，甚至可以提供该物种所不具备的某种营养成分。又如生育技术能够供人们选择性别，或男或女，能够使人更健康、更长寿。但是它们带来的后果或者害处是处于隐蔽之中的，是不可预测的。例如转基因技术是否对人带来长久的不可救治的伤害？例如生育技术是否对于人的生命伦理带来冲击和破坏？在这些技术的害处还没有充分明确之前，人们就应该避免这些技术的实施。

最后要尽量限制技术的普遍运用。即使是有益无害的技术，人们也不能让其普遍化，以避免其构成对于人与物的控制。当技术完成了技术化的时候，物将被技术化，人也将被技术化。在这种情况下，不仅物将失去自己的本性，而且人也将失去自己的本性。因此人们一定要保障技术不要侵犯人的人性和物的物性。人的人性和物的物性在根本上是非技术性和不可被技术化的。因此人们必须保持其自身的神秘性，彻底地放弃对其技术化的意图。正如人们所讲的回归自然就是一种非技术化的方向与道路。这一方面是回归外在的自然，人们从高度技术化的城市回归自然化亦即绿色、生态的家园；另一方面是回归内在的自然，人们从被技术化所规定的身心回到自然化亦即本性化的身心，以达到解放与自由。

在以道限技的同时，人们要以道引技。技术既不能片面化为欲望的手段，也不能极端化为以自身为目的。技术应该超出手段与目的的模式。它最初只是手段。人为了满足自己的欲望，必须制造和使用工具去制作物。工具作为工具之日起，它是作为直接或者间接的手段，为实现人的目的服务。于是它既不同于纯粹的自然之物，是自在的；也不同于人所创造的艺术作品，是自为的。工具虽然是一个独立的物，但它始终指向自身之外。它不仅源于人，而且为了人。在效劳于人的活动中，工具丧失了自身的独立性，只是听命于人的安排。不仅如此，而且工具在使用过程中还会逐渐自身消失。因此它作为一个被使用的手段将会被人抛弃。

虽然技术是人的手段，但它为了成为更好的手段，也成为了自身的目的。于是它便有了自身的规律和发展逻辑，而不以人的意志为转移。特别是现代的科学技术远远超出了有限的手段性，而设定自身为目的。它取代了历史上曾经存在过的上帝和天道，并成为了时代新的规定者。这种以自身为目的的现代科学技术不仅超出了人的控制，而且也丧失了自身的边界。这就是说，它成为了无限的和没有穷尽的。如现代的原子技术、生物技术和信息技术所敞开的可能性，不仅是人未曾经历过的，也是人无法想象的。

于是技术既不能简单地看成人的手段，也不能简单地看成以自身为目的。特别是现代科学技术要求人们对于工具进行新的思考。人们必须抛弃片面的手段和目的的模式。也许工具自身既是手段也是目的，也许它既不是手段也不是目的。工具是人的伴侣，是沟通人与其生活世界关系的信使。因此现代的工具如科学技术一方面要沟通人与自然的关系，另一方面要沟通人与自身的关系。在这样的关联中，工具既让自身存在，也让人和万物存在。它要遵守利生的游戏规则，亦即要顺应存在者的本性。一方面，它顺应人性；另一方面，它顺应物性。这样才能实现技道合一。

自古以来，人们强调道进乎技。一方面，道高于技。大道之所以高于技术，是因为道规定了技术。这在于大道是存在的真相与真理，技术听命于此真相与真理。另一方面，技达到道。技术沿着真理所开辟的道路而行走。当人的技术活动与存在之道吻合的时候，他才能顺道而为，遵道而行，否则就只能进入旁门左道走向死亡之途。在此基础上，技与道实现合一。一方面，技术中人的活动成为道的活动；另一方面，道的活动也显现为人的活动。

当然大道对于技术的最后指引在于其能让世界生成，亦即让人生，让物生。技术不是以破坏为代价促进人与物的生长，而是以益生的方式促进人与物的发展。这就是说，它能让人与物的生命不受伤害，让其本性能自由展开，让其存在变得更加美好。

通过以道制技和以道引技，大道指出哪些技术是可以使用的，哪些技术是不可以使用的。

技术的类型很多，但其最切近人的是满足吃喝的工具和满足性欲的工具。大道一方面是对于满足吃喝的欲望的工具进行划界，如生食和熟食等；另一方面是对于满足性的欲望的工具进行规范，例如是否应该避孕、堕胎和克隆等。对此问题的争论看起来是一个宗教的、道德的、法律的和社会的问题，但实际上首先是一个大道或者智慧的问题，亦即人的存在的真理是什么。在此基础上，人们确定技术能够制作什么和如何制作什么。技术也就相应地区分成两种，一种是合于大道的，另一种是不合于大道的。

对于现代技术对我们世界的设定，许多人采取乐观主义的态度。他们认为技术开辟了一条希望之途，由此可以克服我们时代的诸多问题。有的甚至相信技术万能，把技术思维贯彻到人类所有的领域。这也许会形成一种危险，即对于技术的崇拜，将技术当成了一个时代新神。但技术乐观主义没有注意到技术的两面性，即有利性和有害性。同时他们也没有考虑技术的有限性，因为人类的很多领域是在技术之外的。

当然这绝对不能引发所谓的技术悲观主义。在这种论者看来，技术不仅导致了人的生存环境—自然的破坏，而且造成了人类社会自身的很多疾病。更重要的是，技术是自主的，走着自己的独特的道路，因此可能会逃脱人类的控制而反过来控制人类。其将来的危险是人类可能被彻底地技术化。但技术悲观主义在注重技术危害性的同时，也要注重技术的有用性。此外技术虽然能制作万物，但它毕竟是人的制作活动。技术的危险来源于人的危险，对于技术危险的控制也在于对于人的危险的控制。

显然技术是现代人类无可逃避的命运，任何一个现代人都不可能离开技术而生活在所谓原初的自然里。我们既不能只是看到其好处让其无限度地发展，也不能只是看到其弊端而忽视它对于人类的帮助。因此现代对于技术的真正态度是抛弃乐观主义和悲观主义，确定技术的边界，让它有助于人性与物性的生成。

4. 游戏及其三种形态

生活世界的游戏是欲望、技术和大道三者的游戏。它依赖于三方的共同在场，其中任何一方的缺席都将导致活动无法进行。在游戏中，欲望、技术和大道仿佛是敌人般的朋友，相互给予；也仿佛是朋友般的敌人，相互剥夺。因此整个生活世界的游戏也就是它们的斗争与和平。

尽管欲望、技术和大道的角色是不同的，但它们的权利是平等的，亦即每一方都要存在和发展。基于如此的情形，整个游戏活动就没有绝对的霸权、垄断和权威，也就没有中心、根据和基础。于是它不是一般的活动，而是没有原则的活动。这在根本上实现了游戏的本性。虽然任何一个游戏者从自身出发都想充当原则，尤其是大道要申辩自身的指导身份，但这种主张不会得到另外两方的承认，而是得到它们的否定。由此也显示出，生活世界的游戏不仅是无原则的，而且也是否定任何原则的活动。它既建立规则也解构规则，既建立根据也消解根据。

虽然如此，但在生活世界的游戏的发展的历史过程中，欲望、技术和大道三者之一会在其中某一阶段占据主导地位。于是游戏便有三种不同的形态，即从欲望出发并由其主导的游戏、从技术出发并由其主导的游戏和从大道出发并由其主导的游戏。由此历史就形成了三种可能的极端世界。

如果游戏从欲望出发去活动的话，那么欲望将是规定性的，大道与技术是被规定性的。

在欲望规定性的游戏中，大道失去了作用。它既不能以道制欲，让欲望不要超出自己的边界，也不能以道导欲，让欲望保持在自身的合理范围内。一种无大道指引的欲望根本上在于大道自身的缺席，正如人们所说的西方的上帝死了和中国的天崩地裂。上帝死了意味着上帝的大道不再是人的存在的最终根据，人可以任自己的欲望所为。天崩地裂意味着天的大道不能规范人的现实生活，人的欲望没有礼乐的约束。不仅大道的缺席，而且大道的无能也会导致欲望成为游戏的规定者。这就是说，虽然大道是存在的，但它由于自身的衰弱而不能指导欲望的活动。当然更危险的是，一种虚伪的大道冒充智慧大行其道。它们煽动、鼓励欲望去冒险，让欲望成为了一个脱缰的野马在黑暗中狂奔。

因为欲望是规定性的，所以技术只是片面化为欲望的手段。作为人创造和使用工具制造物的活动，技术虽然为欲望者提供所欲物，但它有自身的相对的独立性和自持性。然而在欲望的高压下，技术只是听命于它的安排，而成为了满足它的手段。作为欲望化的技术只是效劳于欲望。它不仅通过制造所欲物满足欲望者的欲望，而且会刺激欲望者的欲望。当技术只是成为欲望的奴仆的时候，它就不会接受大道的指引。一种无大道的技术不能恪守自身发展的边界，会冲破信仰、道德和法律的限制，撞击人与万物存在的底线。

当技术和大道都屈从于欲望的时候，游戏的主导活动只是欲望的需要和满足，以及满足之后新的需要和新的满足。这样便导致了人欲横流和物欲横流。不再是人有欲望，而是人就是欲望。人成为了欲望者，人之外的世界成为了所欲物。于是世界中的人和物失去了其自身的独立性，而只是被区分为可欲望的和不可欲望的。这样一种欲望化的世界使人的世界变成了动物的世界。

如果游戏从技术出发去活动的话，那么技术将是规定性的，大道与欲望是被规定性的。

技术本身只是手段，而不是目的。它不仅服务于欲望，而且也效劳于大道。作为手段，技术似乎从来就是被规定者，而不是规定者。但技术不仅只是手段，而且要成为更好的手段，甚至成为最好的手段。于是技术不仅以自身之外的欲望和大道为目的，而且也以自身为目的。由此而来，技术不仅只是手段，而且也是目的。基于这样的角色定位，技术也就可以完全不顾欲望和大道等的关联，而只是考虑自身的发展。这尤其表现在现代技术的技术化的进程中。它的真理不再是其他什么东西，而是效率，亦即最大可能地获得有效的结果。

在技术化的社会里，技术制造了技术化的欲望。欲望者是技术化了的人，所欲物是技术化了的物。离开了技术，人的欲望只是空洞的欲望。唯有技术才能将人的欲望变成现实。同时技术的日新月异带来了许多新的欲望。

同时技术抛弃了大道，自己成为了大道。在历史上，人们信奉大道亦即真理使人得自由。人们被谬误所束缚，如同生活在黑暗之中，而真理把人从谬误中解放出来。但现在取而代之的是人们信奉技术使人获自由。人们被自然所限制，成为了自然的奴隶。但技术则把人从自然中拯救出来。它给人敞开了一条通往世界的通道。人现在靠技术可以实现历史上由上帝和天道所能指引的事情。

如果游戏从大道出发去活动的话，那么大道将是规定性的，欲望和技术是被规定性的。

大道的本性只是去指引欲望和技术，而不否定和消灭它们两者的存在性。这也就是说，它不仅承认欲望和技术的存在，而且与它们同戏。大道的指引在于给欲望和技术自身划分边界，让欲望作为欲望，让技术作为技术。在与欲望和技术同戏的同时，大道自身也在生长。但一当真大道成为了伪大道、智慧成为了愚蠢的时候，所谓的大道就改变了自身的本性。它的指引成为极端化和片面化的误导。由此大道也改变了自身与欲望和技术的关系，从而危害了它们。

一种愚蠢性的大道首先要消灭欲望。人类历史上曾出现过这种极端化的大道。它们不是成为了仁爱的真理，而是成为了杀人的教条。西方的中世纪的基督教将人的肉体和精神分割并加以对立。它们主张只有消灭肉体的欲望才能达到精神的纯净，也唯有如此，人才能消除罪恶而亲近上帝。与此相似，中国的礼教传统鼓吹存天理，灭人欲。它们不是以礼成人，而是以礼杀人。

一种愚蠢性的大道其次要否定技术。在它们看来，技术虽然能够让人减轻甚至免除劳作的苦累，但它却会败坏人的人性和物的物性。这在于技术是为人的欲望服务的。它会刺激人的欲望，并导致人们去疯狂地占有他物甚至是他人。一种否定技术的大道当然不可能消灭一切技术，而仍然要保存人最原始的工具。但这只会导致人停留在原始状态，而无法获得存在自身的更新。

一种既无欲望也无技术的大道也导致自身的否定。这在于人的生活世界如果没有欲望的冲动和技术的制作的话，那么人自身就无法存在。如果人的存在都遭到了否定和剥夺的话，那么一种所谓的大道就根本没有立足之地。世界上还有什么大道可言？

三、欲 技 道 的 生 成

既不同于欲望单独所主导的游戏，也不同于技术单独所主导的游戏，甚至也不同于大道单独所主导的游戏，真正的生活世界的游戏在根本上是欲望、技术和大道三者共在且互动的自由活动。虽然它们有差异、对立和矛盾，甚至冲突，但它们依然同属一体，相互传递。它们的游戏如同三者的圆舞。

游戏只是游戏活动自身。它的根本意义不在自身之外，而在自身之内。这就是说，游戏既不源于什么，也不为了什么，而只是去游戏。这种去游戏始终是源于自身并且是为了自身。作为最大的游戏，生活世界的游戏也是如此。它并不指向生活世界之外，而是指向生活世界之内。它是欲望、技术和大道源于自身并为了自身的活动。作为这样的活动，生活世界开始成为自身。这正是生活世界游戏的生成。生成在根本上是无中生有的事件。因此它是连续性的中断，是革命性的飞跃。在生活世界的游戏的生成中，一方面是旧的世界的毁灭，另一方面是新的世界的创造。由此它形成了生活世界的历史，也就是欲望、技术和大道的生成的历史。

1. 由欲到情

在生活世界的游戏中，首先是欲望的生成。

欲望的活动一般表现为：我欲望某物。但在生活世界的游戏中，欲望者和所欲物都改变了自身。人的身体性的欲望扩展为物质性的欲望，并上升到社会性和精神性的欲望。同时，人的私人性欲望转变成与公共性的欲望；人不仅生发出消费性的欲望，而且也生发出创造性的欲望；最后，人限制自身贪婪性的欲望，而满足自身适度性的欲望。

在欲望自身的生成过程中，最根本的不是其形态的改变，而是其本性的变异。人们实现了由欲到情，亦即由欲望升华到情感。

一般而言，欲望者是规定者，所欲物是被规定者；欲望者是主动的，所欲物是被动的。欲望者占有并消费所欲物。因此他们之间本源性地只是有欲无情。但随着欲望与技术和大道的共同游戏的发生，欲望者和所欲物重建了它们之间的关系，也导致重建了我与人、人与物的关系。欲望不再是占有，而且也是给予。由此不仅是我走向人，而且是人走向我；不仅是我走向物，而且是物走向我。在这种互动的关系中，欲望升华为感情。何谓感情？所谓情是一个事物的情状，亦即它是什么和如何是。情既可以指现实事物，如事情，亦即指事物的存在状态；也可以指心理现象，如心情，亦即指心灵的存在状态。这里的感是感动和感应。一个事物发生了，引发和激起了另一个事物的反应。所谓感情正是指人对于他人和他物的情状而激起的自身的心理情状。作为情感化的欲望表现为：欲望不仅是我的欲望，而且也是你的欲望；不仅是人的欲望，而且也是物的欲望。总之在欲望之中，人与物为同一个事情而感动并产生同样的心情。感情不是单方的，而是双方的，是互动的。它是人与他物之间的作用和反作用。

我们看一看人的最基本的欲望亦即食欲和性欲是如何升华为情感的。

食欲亦即吃的本能，是人的基本的欲望，是人的身体的天生欲求。这种欲望表现为饥饿感，亦即要求通过吃将食物变成身体自身的营养。因此食欲的首要的意义是充饥。充饥对于任何一个人来说都是生存的第一需要，特别是对于那些处于饥寒交迫状态中的人来说更是如此。于是满足充饥的活动甚至成为了推进人与世界的原初的动力。

为了充饥，人们发明和使用吃喝的工具，获得并加工食物。人首先是采集植物和狩猎动物，使用自然之中已经存在的食物。人然后发展了农业，种植植物，并养殖动物，由此人不再只是靠天吃饭，而且也是靠人吃饭。人们最后也建立了现代工业化的农业，采用现代种植和养殖技术，在大棚中种植，在工厂中养殖，使植物和动物的生长超出了日夜和四季的限制。人们由此给自身提供了更方便和更可靠的食物来源。在人发明饮食技术的同时，人们也生发出关于饮食的大道。

它首先是相关可食用和不可食用的食物的区分。食物分类的标准虽然是多重的，但最主要是相关于是否残杀生命。一般认为，素食是不杀生的，肉食是杀生的。此外食物还看是否影响人的健康。这就需要人们对于它们更进一步分类。有些食物是有利于人的健康的，有些食物是有害于人的健康的。它其次是关于如何食用食物的区分。这主要相关于食物的烹饪方式，亦即是生食和还是熟食。一般认为，生食是野蛮的，而熟食是文明的。正是技术的制作和大道的指引满足了人自身饥饿的欲望。

当充饥实现之后，人的饮食行为不再只是满足肠胃的需要，而也是满足口舌的需要了。此时的饮食便成为了一种与充饥同在的美食行为。它是对于食物的味道的品尝。人们不仅要求它达到一定数量，而且要求它具有一定品质；不仅要求它是有营养的，而且要求它是形色香味俱全的；不仅要求它是多样的，而且要求它是变化的，如此等等。在此人们往往只是为品味食物而吃，对于它进行分辨、比较和选择，然后体验其中最美的。这种味美感觉的兴起直接导致了鉴赏趣味的发展和提升。人们由此出发，不仅品谈食物，而且也品谈自然、人物和艺术，形成了审美。

食欲的实现最后还演化成为一种礼仪，成为了与天地人的聚集活动。人所获得的食物，无论是植物还是动物，是生长在天地之间的。因此人吃喝食物也是吃喝天地的馈赠。同时这些食物也是人通过农民的劳作而收获，通过厨师的烹饪而成品。它们凝聚了劳动者的辛勤的汗水。在吃喝的过程中，人们直接与同吃者打交道，或举杯，或交谈，或歌舞。共同吃喝成为了人们生活的一个核心内容。不仅如此，而且人们还在饮食的过程中祭拜逝去的先祖和亲人，并召唤不可见的神灵。中国人在春节时用食物祭祀先祖，让不在场的人和在场的人聚集在一起。西方基督教的圣餐中的葡萄酒和面饼是基督的血与肉。信徒们对于酒与面饼的领受不仅是对于基督的纪念，而且也是与上帝的共在。至于现代生活中各种私人的和公共的宴饮则具有许多不同的意义：聚会、庆祝、迎接和告别等。吃喝的行为不仅成为人与天地物的合一，而且也成为了人与人的沟通，甚至也成为了与鬼神的共在。

如果说食欲是为了个人的身体不致死亡，那么性欲则是为了种族的身体不致消失。人虽然是要死的，但是在自己的子孙后代身上看到了自己生命的继续，且绵延不已。

性欲本原地表现为生殖欲。生殖似乎是一个自然过程，人的行为和动物的行为没有什么两样。它们都是种族赖以存在的方式并以一种本能的形态表现出来。但人的生殖过程不仅是自然的，而且也是社会的。马克思的历史唯物论认为，人自身的生产和物质生产是人类社会存在的主要动力。在以自然经济为主导的农业社会中，人自身的生产具有特别重要的意义。人是物质生产的劳动者，他的增多只有依赖于人自身的不断繁衍和增殖。同时伴随家族观念的建立和牢固化，生殖又具有一种不言而喻的精神意义。人要把这作为自然和社会过程的生殖活动道德化，并使之成为一最高的道德律令。例如，中国古代便有"不孝有三，无后为大"的训诫。个体的神圣使命就是作为种族绵延的中介，每一个人都要为此天命去奋斗。

为了生殖，人们必须交媾。人虽然拥有性欲的本能，但他并非如同动物一般，随着性成熟和繁殖季节的来临天生就会交配。相反人需要通过学习和训练来熟练掌握男女性爱的技术。这首先要求人对于自己和配偶的身体和心理差异充分地认识，特别是对于其结构和功能的把握。其次要求人对于性爱过程默契互动、和谐完成，达到身心的愉悦。最后要求人对于女性的怀孕和分娩的护理，以期养育健康的后代。其中尤其是关于男女交媾的做爱的技术在中国发展成一种独特的房中术或者御女术。它的目的不是为了生殖，而是为了自身的强身健体、成仙得道。但性欲的实现不仅需要技术，而且需要大道。大道确定哪些人是可以交配的，哪些人是不可以交配的。同时它指引人们如何建立一种真正自由的男女关系。为了保证性欲不只是被欲望和技术所支配，人们建立了婚姻制度。其中一夫一妻制是文明社会中一种普遍的制度，维系了男女合法的性关系以及在此基础上所建立的家庭。

虽然性欲在根本上是生殖欲，但是交媾在先，生殖在后；交媾是直接的，生殖是间接的。因此男女的生殖行为首先表现为性爱行为，即男欢女爱。尽管如此，但性爱只是手段，而生殖才是目的。在人的生殖过程中，虽然性欲始终是一个根本性的因素，但是它并没有独立性的意义，相反它只是依附性的、中介性的。因此生殖往往成为性欲的目的和结果，而性欲只是这样一个生殖过程中必不可少的环节，尽管性欲常常与生殖并无直接关联。按照自然的规律，男女交媾就会导致女方怀孕生子。这就限制了性爱自身的自由，如性爱伴侣身体的许可和时机的限制等。

一种独立自由的性爱及其满足的快乐是与生殖相对分离的。人必须承认这是一个伟大的自然奇迹：动物只在特定的时令才能交配，但成年男女却不受时令的限制而能交媾。同时动物的交配与生殖完全成为一体，但人的交媾却不断地远离生殖。独立自由的性爱的实现依赖于现代的避孕技术，如避孕药、避孕套和避孕环等。即使避孕失败，人们也用人工流产技术终止怀孕生子而可能导致的给性爱伴侣带来的各种危害。当然独立自由的性爱的产生不仅在于现代的避孕技术，而且也在于现代关于个人存在的智慧的传播和接受。每个人是自己身体及其器官的主人。他可以支配自己的身体，决定自己与谁发生性爱关系。一种独立自由的性行为不再只是作为生殖的中介，而是作为性欲本身，如此的性欲及其满足不是以生殖为目的，而是以自身为目的。这时的性行为表现为纯粹的肉体感官愉悦，亦即一般所谓的色情之乐。

在一切身体性的快乐之中，性的快乐是自然极限中最大和最高可能性的快乐。随着人的身体在文化中的不断发展，这一快乐日益显出它的独特性和丰富性。但这种与生殖分离的性欲及其满足却隐藏着一种危险，即性脱离并掩盖了生死，因而表现为一种虚幻的自由。它一方面以性欲的满足为唯一目的，于是人与人只扮演着性的角色相互吸引，并且相互交换肉体来实现性的欲望。正如性解放固然把性从生殖和它所形成的家庭以及相关的道德中解放出来了，但它使人又成为了肉体和感官的奴隶。因此性解放乃是一诱惑的陷阱。这种虚幻的自由的另一方面只是把性作为一种手段来满足其他目的。例如，女人卖淫，正是以出卖自己的肉体来获得金钱。男人通过权力、金钱和名声等来猎色。他越是占有更多的女人，便越是觉得自己是个男人，或者觉得自己更有权力、更有金钱和更有名声。他们在性的快乐中忘掉了生死。这种与生死剥离的性的形态仍是指向性之外的。

既不是生殖，也不是色情，而是唯有爱情才是性的最高升华。性作为生殖仍走着自然本能的道路，不管它是否以社会的、精神的形态出现。性作为感官的快乐依然表现为自然本能的限制。它们的差异只是在于：人的生殖是实现种族繁殖这一遗传本能，人的性欲及其满足只是完成生物个体肉体欲望冲动的本能。但它们与一个自主、自觉和自由的个体毫不相干。爱的产生是这样一个独特个体产生的标志。只有成为这样一个个体，人才有爱的能力和被爱的能力。因此他才不再只是成为一个生殖工具和性欲对象，而是成为主爱者或者被爱者，即爱的伴侣。当然爱并不是对于生殖和性欲的抛弃，与之相反，生殖和性欲被爱所包含并成为爱的表现。故爱作为生命的表达和对于死亡的克服的意义并不只是在于男女相爱而生殖，从而繁衍后代，而是在于男女自身在此性爱中相互给予、相互生成，由此共生共在，成为丰富性的个体。

爱是什么？爱是给予，因此相爱就是给予与被给予。为什么？个体在他的成长过程中意识到了自身生命的界限及其残缺，他只有在异性中才能使之达到完满。由此异性的存在便成为了自身渴望和追求的目的。它使人超出自身，在两性的合一中结束不完满并达到完满。在此过程中，每人对于他人而言都是给予者和被给予者。这种给予者和被给予者并非是人之外的某种东西，而是人自身，即包括了全部身心的整体的人。异性不仅渴求精神的沟通，而且也渴求肉体的交媾，从而成为一体。但这个爱的一体是给予与被给予的统一。于是在爱中便开始了伟大的生成，男女告别了旧人，而成为了新人。他们既各自展开自身独特的个性，又建立相互灵肉共生的关系。

性爱是男女之间的一种活动，因此性爱的开始就是人与人之间关系的建立。虽然这种关系是自由的，但它却是一种无形的规则。只不过与其他铁的规则相比，它是最温柔、最有情的规则。由此规则出发，不是由男人来规定女人，也不是由女人来规定男人，而是由爱情来规定这相爱的人之间的关系。遵守爱的规则和破坏爱的规则便导致男女的结合或者分离。

性爱作为人与人之间的关系同时又是人与自然之间的关系。这是爱情区别于友谊以及其他人际关系的一个标志。男女的友谊只是人与人之间的关系，而不是人与自然之间的关系。但爱情则不然。为什么？因为爱情拥有男女的性行为，而性行为是身体的，是生理的、生物的，因而是自然的。当然这种自然不是一般的自然，如同石头、植物一样，而是身体，是男人如山的体魄和女人如水的胸怀。男女的交媾是一个人的自然与另一个人的自然的交往，是人的自然最神奇的奥秘和最美妙的馈赠。

然而在性爱中建立的人与自然的关系同时又是人与精神的关系。这使爱情根本不同于动物的性行为和男女之间的淫乱。它们都只是自然性的，但爱情在本性上却升华为精神性的。精神仿佛光，如同日月一样。它照亮了人的生活，显明了男女的关系，从而也呈现了性的美妙和神奇。如果没有精神的话，那么男女之间的性行为只是处于黑暗之中，它被本能所驱使并被本能所奴役。但精神给了人的自由，使人意识到了自己从生到死的存在，并在爱情中达到了无上的快乐。爱情精神性的结晶正是哲人关于爱情的箴言和诗人关于爱情的歌声。

于是性爱所具有的男女关系便是人与人、人与自然、人与精神的聚集。它就是人、自然和精神神秘结合的完满的整体，其中的任何一个要素都包括了其他要素的存在。

2. 由技到艺

在欲望生成的同时，技术也在生成。它虽然不仅有外在的目的，而且有内在的目的，但其基本本性是达到目的的手段。在生活世界的游戏中，技术也改变了自身。它除了保持自身的本性之外，还发展为艺术。这就是说，技术艺术化，技术成为了艺术。

但技术与艺术有什么关联？与技术一样，艺术也是人工活动，而且是一种制作活动。艺的汉字本意是园艺、培植，亦即人让植物按其本性最大可能地生长。因此原本的艺术是关于园艺和培植的技术活动，然后引申为人创造美的活动，包括美术、音乐和文学等。当然艺术和一般的技术有着本性的不同。技术只是对于物或者人的制作，而艺术不仅是对于物与人的制作，而且是关于人的生活世界的真理的创造。同时技术只是服务于目的的手段。随着目的的实现，手段也就相应地完成了自身的使命。但艺术从来不将自己设定为以它物为目的的手段，而是以自身为目的，只存在于自身的作品之中。不过，在技术艺术化的过程之中，它也能表达真理，成为以自身为目的的作品。

这首先在于技术的人成为艺术的人。

在生活世界中，人一方面得益于自然的馈赠，另一方面又忍受着自然的奴役。因此人发明和使用工具去制作物，由此改造自然，并从自然中获得自由。但是技术给人带来的礼物也是双重的。它一方面解放了人的体力和智力，另一方面也限制了人的身体和心灵。人在从事技术活动的时候也被技术所控制，制作者成为了被制作者。人被技术化就是被工具化、机器化、物化。

但现代技术逐渐意识到了这种悖论和困境，并力图去克服或者减弱它。这里必须完成一个根本性的转变，即不仅考虑到物的物性，而且也考虑到人的人性。人不再只是一个工具，而且也是一个完整的人。这就是说，人不只是一个技术的人，而且也是一个欲望的人和大道的人。技术的艺术化使人全面发展。

其次在于技术的过程变成了艺术的过程。

人们一般只是为了谋生而被迫去从事制作物的活动。他蜕变成一个会说话的工具或者会说话的牛马。他不是作为一个人，而只是作为一个工具去使用另外一个工具去制作物。因此当人去制作物的时候，他不是自由的，而是奴役的。他的身体受到折磨，精神受到摧残。只有当他不去制作物的时候，他才是自由的。他的身体得到休息，精神得到解脱。因此一般的技术活动对于人而言是利害兼备的。

但技术的艺术化活动是一个完整的人所从事的制作物的活动。他不是受到否定，而是得到肯定，不再感到身心受到压迫，而是得解放。他甚至达到与器合一，与物合一。技术的艺术化不仅使人在从事技术制作的时候没有被技术化，而且促进人的欲望得到实现，大道成为指引。

再次在于技术的器物成为艺术的作品。

人使用工具去创造物，也就是生产产品。但工具和产品特性的区分并不是绝对的，而是相对的。当一个工具生产另一个工具的时候，那么另一个工具就是产品；但当一个产品能生产另一个产品的时候，那么这一个产品就是工具。产品和工具一样，都是人造物。但产品和工具不同，工具是人用来去生产物，而产品是人用来为自己所消费。技术所制作的器物（工具和产品）实际上包括了功能、质料、形式和人性四个层面。技术的艺术化正是这四个层面的艺术化，亦即审美化。

一个器物作为一个器物是由其功能性或者是有用性决定的。一个物是否能成为一个器物，关键在于其有用性；一个器物不同于一个另外的器物，也是在于其不同的有用性。当器物只是作为工具为人使用的时候，它制作所欲物而效劳于人这个欲望者。它所敞开的主要是其功用性，亦即它如何作为手段服务于人的目的。但当器物不再作为工具为人所利用的时候，它的技术性就会隐去，而艺术性就会彰显。它具有超出功利性之外的无利害性。无利害性意味着，既不伤害物，也不利用物。同时人不进入物，而让物保持自身的存在。这形成了人与物的审美的基础。

　　人从有用性出发，去制作器物的质料。器物是由物质所成，因此物的质料本性在根本上决定了器物的本性。技术虽然打破了物的原生形态，但它敞开了物的特性。物的质料在自然状态是遮蔽的，并不为人所知。但技术将物的质料特性开启出来，暴露在光天化日之下，并使之更加纯粹和集中。正是通过对于矿石的冶炼，金属才能从石头当中抽身而出，而成为金银铜铁锡等，作为一个独立的存在者。正是通过对于木材的加工，并使之成为建筑材料和各种器物，木器的坚韧、支撑的本性才能为人知晓。因此技术对于物的质料的制作显示了物的质料最大可能的美。

　　技术也建构了器物的形式的特性。人们一般将物的质料理解为内在的，而物的形式理解为外在的。但事实上并非如此，形式就是质料自身的显示。在物的制作过程中，随着对于物的质料的再造，技术打破了物原初的简单的旧的形式，而赋予了新的形式，包括结构、样态、色彩和声音等。不同的质料可以具有同一形式，同时，同一的质料也可以具有多种形式。形式让质料的存在变得多彩多姿。当金子和珠宝成为工艺品的时候，它们凸显其更加耀眼的光芒；当古琴和钢琴被演奏的时候，它们能发出比自然界更纯粹和美妙的声音。正是通过技术的制作，人让物的色彩和声音等形式特征更加完美。因此技术对于物的形式的制作显示了物自身形式最大可能的美。

　　此外技术也创造了器物的人性。器物虽然是物，但不是自然物，而是人工物，是人所创造和使用的。作为一个存在于生活世界中的物，它不仅凝聚了物性，而且也凝聚了人性。器物镌刻了人的生与死、劳作与休息、爱与恨等。在这样的意义上，器物是人和世界的聚集。它一方面沉积了人的欲望，另一方面也包含了大道。但技术的历程是艰辛的。它不仅包括了人与自然的抗争，而且包括了人与社会和心灵的抗争。这一抗争的历史不仅是人从自然中的解放，而且是人从技术中的解放。它是一个反对奴役而走向自由的进程。因此技术所制作的器物的人性展示了人性的美。

根据上述的分析，技术的艺术化表现为两个方面。它一方面追求自然化。产品虽为人作，但要宛若天成。这不仅意味着人工物要具备自然物的形态，而且要具备自然物的本性。它不仅要保护物性，而且要解放物性。它另一方面追求人性化。这不仅需要器物便于人的使用和消费，而且需要它便于人自身的存在和发展。技术不仅要保护人性，而且要解放人性。当它生产了符合物性与人性的产品时，就显示了物的物性和人的人性，成为了揭示人的生活世界的作品。在这种情形中，技术升华为艺术，成为了诗作。它所制作的不是一般的事物，而是美的事物。

最后，在于技术产品的消费成为艺术作品的鉴赏。

技术生产的器物作为产品是技术过程的完成。但当进入市场的交换机制之后，它成为了商品。它通过买卖会被人拥有并会被使用而成为了消费品。这就是说，产品的身份转化为所欲物的身份，而效劳于欲望者的欲望。这当然也是在大道的指引下实现的。但技术的艺术化将产品的消费转化为了欣赏。人不只是在消费产品，而且也在欣赏产品。在欣赏产品的时候，人既不是占有，也不是制作，甚至也不是接受大道的指引，而是静观。这一方面让人保持并显现自身，另一方面让产品保持并显现自身。与此同时，这一方面人将自身给予产品，另一方面产品也将自身给予人。在欣赏中，人显示了人性，物显示了物性。

3. 由道到人

在欲望、技术和大道的游戏中，最后是大道的生成。它表现为由道到人，亦即从非人之道到人之道，从外在于人之道到内在于人之道。

一般人认为，比起欲望和技术，大道或者智慧是永恒存在、千古不变的。它们如同上帝一般存在，也如同天道一般存在。但事实上，大道也是处于永远的生成之中，是不断成长的。对于人的生活世界的游戏来说，并没有一个预先给予的大道或者智慧，而只有在此游戏中与欲望和技术一起生长出来的大道。大道虽然在本性上不同于欲望与技术，但它与欲望和技术相关，也是欲望之道和技术之道。同时大道随着其历史性使命的完成，也有其死亡和终结。于是人们既不能相信大道的永垂不朽，也不能希望它的死而复活，而是要思考大道的死亡和新生，也就是大道的历史性的生成。它表现为大道由传统形态到现代形态的转变。

大道的历史是一个由神到人和由天到人的过程。人类历史古代的大道总是以外在于人的形态表现出来的，或者是神灵，或者是天道。当然神灵和天道的显现最后还是依赖于人，这个人就是圣人。他向人们说出了大道，指出了真理。但圣人既不是作为人，也不是作为个人自身在言说，而是作为神灵和天道的代言人在言说。因此所谓的大道是神灵的启示和天道的显现，规定了人在世界中的生活和道路。

但在现代和后现代的社会里，传统的大道已经终结。就西方而言，上帝死了。这意味着神启的大道不再是我们时代的规定性。就中国而言，天崩地裂。这标志着自然的大道在我们的世界不再起着关键性的作用。当然传统大道或者智慧的终结不是简单的过去和消失，而是作为传统依然保存着，并在当代世界中发挥或大或小的影响。与人类历史古代的大道的外在性不同，现代的大道却是内在性的。这就是说，人不需要借助于人之外的神道和天道作为自身存在的指引，而是依靠于人给自身的存在奠定基础。人自己说出了关于生活世界的大道，规定了自己的存在、思想和言说，由此制定了生活世界的游戏规则。

大道的历史不仅是一个由外在到内在的过程，也是一个由一元到多元的过程。人类历史古代的大道一般都是一元的大道。特别是当宗教成为大道的主要形态的时候，它们强调了大道的一元性。就一神教而言，有犹太教、基督教和伊斯兰教；就非一神教而言，有印度教、佛教和道教等。这些宗教都宣称只有自己的教义是唯一的真理，而其他的教义是非真理，是歪理邪说。它们都要求人们绝对地信仰自己，而排斥对于其他宗教的信仰。这些宗教，其中特别是一神教不仅主张自己所宣扬的大道的唯一性，而且要求自己的普遍性。它是排他的，不容许异己的。因此在历史上就出现了频繁的宗教战争。

但人类历史进入现代之后，大道进入到多元的格局。一方面，基督教的上帝死了，不再作为世界最根本的规定性。虽然有神论依然具有市场，但无神论却获得更大的地盘。另一方面，现代世界进入了众神喧哗的时代。那些依然存在的各种宗教虽然也宣称自己的唯一性和普遍性，并导致所谓的文明的冲突，但是也承认多元，宽容异己，并寻求和他者的对话，如佛教和基督教的对话以及其他世界各大宗教之间的对话。但在现代世界的大道之中，最根本的不是神的声音，而是人的声音；不是众神的争吵，而是众生的呼唤。因此在现代世界里占统治地位的不是唯一的真理，而是多元的真理。它们是差异的、异质的、多样的和非同一的。一方面古老的大道还在言说，另一方面新创的大道却在生长；一方面民族自身的大道具有强大的生命力，另一方面民族之外的他者的大道也包含了巨大的诱惑力。多元的大道指引了多元的世界。

大道的历史也是一个由思想到存在的过程。传统的大道把人理解为理性的或者灵魂的或者是心灵的动物。虽然人也是动物，但人们强调人作为一个特别的动物要与一般的动物相区分，并且否定人的动物性，而只是重视人的人性；虽然人也有身体，但人们认为它是邪恶的、丑陋的，而只是关注理性、灵魂或者心灵的结构和功能。因此传统的大道事实上把人只是看成了一个纯粹精神的存在。它只注重理性的健康、灵魂的治疗和心灵的安慰。当传统的大道只是囿于精神的范围的时候，它最后只能走向神或者天。这在于神或者天是精神的最高领域。正是因为如此，所以传统的大道是神的智慧或天的大道。这样一种大道就不会立足于人的现实世界，去面对现实和改造现实，而只会号召人们忘掉现世，向往来世。

相对于传统的大道，现代的大道在根本性上是反叛的。这就是说，它要颠倒传统大道的基本支柱。传统大道所肯定的，正是现代大道所否定的。它认为人不再是理性的动物，而是一个现实的存在者。理性只是人的存在的一部分，而非理性也是人的存在的一部分。比理性和非理性更加本源性的，是人的现实的存在。它不仅赋予非理性以基础，而且赋予理性以基础。这个现实活动就是人在世界的存在。基于人的现实性，人的规定得到了改变。人不仅是精神性的，而且也是肉体性的。人的身体实际上是肉体和心灵的合一，作为活生生的生命并在现实世界存在着。既然人是身体性的，那么他就是要死者，而不是不死者；是短暂者，而不是永恒者。人是有限的生命的存在，因此是唯一的。现代的大道强调人的身体性，亦即人的身体如何在这个世

論大道

界的存在。基于对于人与世界的重新理解和阐释，现代的大道不复是神性的大道和自然的大道，而是世俗的大道。它教导人们如何在这一个现实世界中去存在。

大道的历史也是一个由人类到个体的过程。传统的大道是将人作为在存在者整体中的一个类来考虑的。中国自然的大道将存在者整体分为天地人。天在上，地在下，人居天地之间，并且与天地万物在一起。但是这里所说人是作为整体的人，而不是作为个体的人。西方神性的大道将存在者整体区分为上帝、世界和灵魂，实际上包括了矿物、植物、动物、人和神。其中的人也是作为整体，而不是作为个体。虽然个体的人是要死亡的，但整体的人是永远存在的。个体只是整体存在的一个个环节，为了整体，个体是可以被牺牲和被置换的。因此在整体性智慧那里，个体的存在是微不足道的，甚至是毫无意义的。

但是现代大道凸显了个体存在的唯一性。它不仅将人的存在与神道和天道相分离，让人走向专属于自身的道路，而且让个体的人与整体的人相分离，让个体的存在获得了前所未有的地位。个体作为不可分割的最后的存在，是身体性的存在和死亡性的存在，因此是有限的、不可重复和不可替代的。每一个个体都是他样的，由此人与他人相区分；同时每一个个体的存在都是生成的，由此人与自身相区分。对于每一个个体差异的承认、宽容和尊重是现代大道的核心价值之一。

大道的历史也是一个由不到让的过程。传统的大道主要偏向于否定性，如各种禁忌、禁止和否定性的思想等。它所否定的当然包括了一般所说的罪恶行为，但也包括了对于一般性的欲望和技术。这在于欲望容易导致人的罪恶的发生，而技术则会推动欲望的实现。因此人们甚至认为欲望和技术的结合是罪恶发生和扩大的最根本的原因。据此传统的大道一般都主张既无欲望，也无技术，让人回归到一种原始和素朴的存在状态。以此方式，传统的大道充满了对于人现实生活的愤怒、批评和惩罚。

但现代的大道主要偏向肯定性，它是指引、劝导和关怀。它当然肯定人类普遍承认的善良价值，但它更多的是肯定欲望和技术。欲望和技术是人类存在的基本状态，人们既不可能否定，也不可能禁止，而是让其走在一条正确的道路上。这就是说，无论是欲望还是技术，都要符合人的人性和物的物性。一种在大道或者智慧指引下的欲望和技术就获得了自身的解放，获得了发展的可能。大道或者智慧对于人现实生活的指引是让。它让人存在，同时也让物存在。

正是由于不断生成，欲望、技术和大道才使自身日新月异。它们由此创造了世界并形成了历史。但历史作为生活世界的游戏既不是必然的，也不是偶然的，而是可能的。在可能性的实现过程中，它成了现实性。它反对各种决定论和宿命论，而强调随机、选择和突变。由于这样，生活世界的游戏克服了有限性，而获得了无限性。于是，生活世界的游戏是一场无穷无尽的游戏。

四、美作为欲技道游戏的显现

1. 显现

作为欲望、技术和大道的游戏，生活世界的生成过程本身就是显现过程。显现意味着显现出来。它是放射，是照亮，如同光一样。比较而言，欲望是黑暗的，技术是镜子般的，而大道却是光明的。正是在光明和黑暗的冲突和嬉戏中，也正是在镜子的反射和映照中，生活世界的万事万物显现自身，并形成自身。

显现大多和现象相关，有时甚至被理解为现象。但是现象不能简单地等同于显现。这在于现象当然是存在的显现，但它却可能不是存在自身。因此现象具有几种不同的形态和语义。

现象容易被误解为假象。它是事物假的现象，不是其真正的现象。它似是而非，看起来如此却并非如此，或者反过来，看起来并非如此却是如此。这种假象实际上是伪装、骗局和面具，遮盖了存在自身的真相。因此对于存在或者事物的理解就必须去掉假象，把握真实。

现象也被理解为表象。它如同疾病的某种症候，显示出某种自身不显现的东西。在此一方面是作为表象的现象，另一方面是作为与此不同的存在自身。表象指引了它之后的某种东西。虽然表象不是假象掩盖了存在自身，但也不是存在自身直接的显示。

这两种形态的现象与存在自身都是具有差异性的。只有第三种现象，即显现学（即现象学）意义上的现象才与存在自身是同一的。这种现象被理解为显现，是作为显现自身的显现者。它不是存在之外的某种东西，而就是存在自身。因此它不是与本质相对的现象，而是与本质合一的现象。在此存在和现象的矛盾得以克服，而无须人们透过现象看本质。

在这种意义上的显现正是事物生成自身。作为显现自身的显现者将自身作为自身显示出来，也就是事物作为事物将自身生成出来。这种作为生成的显现的意义是存在，是在场，也就是完成。

　　显示是从虚无到存在的过程。一个事物的显示是从虚无到存在的转变，因此它是无中生有。事物并不是建立在已有的基础上生成自身的，而是它为自身创造一个开端、奠定一个基础。如果没有一个预先给予的基础的话，那么事物就是建立在虚无之上。正是在虚无之中，一个事物开始生成自身。

　　显示也是从缺席到在场的过程。作为事物的生成，显示将缺席的事物召唤到在场。缺席作为不在场，是事物的自身遮蔽。它不敞开自己，反而归闭自身。显现则是事物自身的在场和敞开，而表明它自身是什么和不是什么。

　　显示也是从开端到完成的过程。事物的显现证明了自身不仅仅是一个开端，而且也是一个完成。它表现为一个有机的整体，即一个有序的事件。它也可以被称为是完美、完满和圆满。一个已完成的事物是一个已实现的事物。它就是现实，亦即我们已经存在于其中的生活世界。

　　显现在显示出存在、在场和完成的同时，也允诺了虚无、遮蔽和开端。这就是说，显示是存在和虚无、在场和缺席以及完成和开端的冲突和斗争。也正是如此，显现自身在一种张力之中保持自身的无限性。

　　毫无疑问，显现是存在自身的发生。但是存在并不远离人的存在，而是始终相关于人的存在，并把人的存在包括于存在之中。于是存在自身的显现过程也是向人的思想敞开的过程。这表现为思想的经验和理解。没有思想的显现，存在的显现是难以想象的。同时存在和思想的显现过程也是向语言敞开的过程。唯有语言将存在和思想的事件说出来，事件才会真正显现出来。因此语言是存在最明确的显现。生活世界作为人的存在的发生之所，是存在、思想和语言的聚集。

2. 作品

生活世界的生成是欲望、技术和大道游戏的显现。人们一般将显现的现象理解为感性，亦即审美。什么是感性？它大多被认为是感性认识，和理性认识相对。与理性认识相比，感性认识是低级的。不仅如此，而且感性认识最后还要被理性认识所克服。感性不仅包括了感性认识，而且包括了感性对象。它是事物的一些表象特征，如色彩和声音等，诉诸人的感官的感觉。与此相对，事物的本质特征是内在的，只为理性认识所把握的。不管是感性认识，还是感性对象，它们都被看成是初级的和外在的。但感性不仅要理解为感性认识和感性对象，而且要理解为感性活动。但感性活动源于人的存在自身，亦即生活世界的游戏。它是活生生的人和物本身，是可看见、可听见的，甚至是可触摸的。存在或生活世界从来不是一般意义的理性，但也不是一般意义的感性。它超出了任何一种片面的理性和感性，比一切理性更理性，比一切感性更感性，是一切理性和感性的根源。存在或者生活世界的显现的活动生成为作品。这一作品正是美。所谓的美既非是理性的，也非是感性的，而是欲技道游戏活动自身；它既非是一种人的内在的感觉，也非是一种物的自然的属性，而是作为一个作品的生活世界。

但人们对于作品有极其狭隘的理解，认为它就是文学艺术作品，如王羲之的《兰亭集序》、李白的《将进酒》、黄公望的《富春山居图》和古琴《高山流水》等。但这些只是小作品，而我们所说的是大作品。这就是说，整个生活世界作为欲望、技术和大道的游戏就是一部伟大的作品。在此一般所区分的作品、创作过程和创作者的区分失去了意义。为什么？这在于作品之所为作品实际上是创作过程的结果，也是创作者的证明。在人的生活世界中，作品、创作过程和创作者虽有差异，但又同一。作品是欲望、技术和大道的游戏的显现的结果，创作过程是欲望、技术和大道的游戏的过程自身，创作者是作为欲望、技术和大道聚集者的人。

显然作品作为作品是已存在的。它既不是一种幽灵般的幻影，也不是一种尚未但将要实施的一种意愿和计划，而是已完成的、已圆满实现的存在者。它是一个实实在在的物。但它不同于一个自然之物，而是一个人工之物。它不是自然已有的，而是人类创造的。它虽然是一个人工之物，但不同于一般的人工之物，如器具和工具，而是一个特别的人工之物。它不是服务于某一目的的手段，为这一目的所使用和抛弃，而是一个以自身存在为目的的存在者。

作为一个特别的物，作品并非是一个静止的物。一个静止的物可能是自然的，如一块石头，也可能是人工的，如一张桌子。它有自身的质料和形式，存在于空间之中，也绵延于时间之中。正是通过如此，它作为一个物而区分于另外的物。一个作品虽然也具有和静物一样的特性，但它远远超出静物之外。作品是一个活动物。它是被创建的，不仅是已发生的，而且是不断持续发生的。它始终保持了一个活的亦即生命的形象。作品仿佛是一个生命体，是一条自身延伸的道路。

作品不仅不是一个静物，而且也不是一个对象。一个对象是一个客体，是站立在人的对面的，而人正是一个主体。客体和主体是相互依存的，一个客体之所以可能，是因为主体的存在，反之亦然。但它们又是相互对立的。主体设定自身，同时也设定客体，最后也设定它和客体的统一。在此过程中，主体将客体变成主体的对象化。但作品既不是与人的主体相对的客体，也不是主体对象化了的存在。这在于作品是与人共生共在的，是人的生活世界自身。人从来就已经进入到作品或生活世界之中，而并未曾一刻离开过它，甚至人自身就是这一作品或生活世界的一部分。正是在作品或世界的不断生成之中，人生成了自己，成为一个人性的人。

但人们认为，作为美的作品一个最根本的特性是其超功利性或无利害性。一方面，作品是超功利的存在；另一方面，人对作品怀有超功利的态度。所谓超功利性和无利害性意味着超出了功利性和消除了利害性。这不同于前功利性和前利害性，而是后功利性和后利害性。这样一种前后之别看起来非常微小，但实际上非常巨大，是无法逾越的。前功利性和前利害性发生在功利性和利害性之前，是尚未实现的功利性和利害性；而后功利性和后利害性发生在功利性和利害性之后，是已经实现了的功利性和利害性。因此它才是超功利性和无利害性。当人们说美的作品是超功利性和无利害性时，这实际上意味着它已经实现了功利性和利害性。

超功利性和无利害性是建立在功利性和利害性的基础之上的。因此我们需要先探讨功利性和利害性，再阐明超功利性和无利害性。从物的方面来说，功利指事物的功效和利益；利害则不仅包括了事物的利处，而且包括了事物的害处。从人的方面来说，功利指人追求功利和利益的活动，利害指人从事有利处和害处的活动。一个事物就其自身而言是自在自为的，无所谓功利和利害。只有当物在生活世界与人及万物发生关联的时候，它才会产生对于他者的有用性或者无用性，亦即功用和利害。同时当人在生活世界中与人及万物产生关联的时候，他才会产生功用性和利害性的活动。由此人们对于物发生了兴趣和关切。一般所谓的兴趣是指人认识某种事物和从事某种活动的心理倾向；一般所谓的关切亦即关心，是人对于人或者事物的关注和重视。

但所有这些与功用和利害相关的语词的意义是什么？它们无非是指一事物进入到了另一事物自身，并对于它的存在产生了影响。当我们说一个事物具有功利性和利害性的时候，这意味着这一事物进入了另一事物的内部，同时另一事物也进入到了这一事物的内部。当我们说人对于某一个事物从事功利性和利害性的活动以及怀有兴趣和关切的时候，这意味着，人进入到这一个事物的内部，同时这一个事物也进入到了人的内部。功利和利害作为进入事物的内部是如此发生的：人作为欲望者欲求和占有所欲物，然后通过技术去制作一个物来满足自己的欲望。在这里人与物构成了一种功利和利害的关系。功利或者利害无非是人源于欲望并通过技术所建立的。大道或者智慧并不否定这种功利关系，而是指引它。

根据对于功利性和利害性的解释，所谓的超功利性和无利害性正是不进入事物内部。这就是说，人不利用物，不干扰物。相反人要让物保持自身的存在，让其生成，让其自由。但超功利性和无利害性之所以可能，是因为物已经完成了功利，已经消除了利害。对于处于功利性和利害性之中的人与物来说，他们是不可能出现所谓的超功利性和无功利性的。例如，在一个饥饿的人看来，麦子和稻谷只是具有功利性，即其面粉与米粒作为充饥的粮食，而不具备超功利性，即其金色并不具备审美的价值。只有当人实现了其功利性和利害性的活动，物的超功利性和无利害性才会生成和显露出来。在这样一个特别的时刻，物是超功利性的。它不是因为其有用性而被人利用，或者相反因为其无用性而被人丢弃。它保持其自身的存在，敞开自身纯粹的物性。与此同时，人也是超功利的。他放弃了对于物的有用性和无用性的打交道的方式，而是泰然任之，让自身自由地存在，也让物自由地存在。人不进入物自身的超功利性在于，人在大道和智慧的指引下已经实现了欲望的占有和技术的制作。因此人对于作品是无欲的和无为的。这才产生了美是超功利或无利害的本性。

3. 美的形态

生活世界有多少形态，美就有多少形态。我们一般将世界分为自然、社会和心灵，相应地，美也可以分为自然美、社会美和心灵美。

自然美是人最常见的。它是天地万物的美，如天上的日月星辰，地上的高山流水、树木花朵和飞禽走兽等。人生天地之间，也就是生在自然美之中。但自然美并非自然而然的，而是被创建的。它相关于人对于自然的关系和在此基础上人对于自然的态度的演变。首先是畏惧和崇拜，这在于人对于自然的力量无知并无以抗拒；其次是遵从，这在于人认识并且服从自然的规律；再次是征服，这在于人通过现代技术改造自然；最后是友爱，这在于人意识到人与自然要共生共在，相互作为友爱的伴侣。

正是在人与自然的关系的变化之中，自然美开始了其生成的历史。自然美首先显现为田园。它是人的家园，是人的生存之所。人在这里劳作和休息，展开他生与死的命运。但田园也将人与万物聚集在一起，让自然也成为了人的生活的一部分。其次显现为山水。它是群山和河流，是其间存在的矿物、植物和动物。它是人的田园之外的地方，是一片景观和风光。因此它似乎是远离了喧嚣人间的纯洁净土。最后显现为自然，亦即自然界和大自然。它超出了有限的田园和山水，是天地万物，是无限的空间和时间的存在者整体。

但人们习惯追问自然美的根据。自然何以显现为自然的美，成为美的自然？有的观点认为，自然美在于自然固有的属性，如一些特有的形态、色彩和构图等。但另一种观点认为，自然美在于人的情感的投射。人将自身的心灵移入自然，使其获得了审美属性。但自然成为自然美关键在于它在欲技道游戏中的生成。自然自身是无所谓功利或者是超功利的，但在人的生活世界中则是有功利性的。它首先是作为所欲物被作为欲望者的人所占有，是维系人的生命的生活资料。其次是一部分物充当工具而去制作另外一部分物，从而满足人的欲望。最后是作为自然之道，为人的存在、思考和言说提供指引。但当自然完成了其功利性的时候，它就既不是欲望之物，也不是技术之物，甚至也不是作为大道的象征，而只是作为纯粹的自然而显现自身。自然在人的生活世界中成为了一个超功利的存在者，亦即美的存在者。

与自然美不同，社会美是人与人所构成的社会的美。它又可分为人、事和物三个方面。对于人自身，人们一般会分别赞美其身体美、行为美、心灵美和语言美等。但所有这一切都是人的整体的一部分，人的整体的美则是人格美。人格是人的存在本性的规定，也是其角色的确定和显现。人格美则是人达到了其存在完美的显现。事是生活世界所发生的事件。人是在事件的发生中成为一个人的。事件既包括了人与自然的相互依存、矛盾和统一，也包括了人与他人的爱与恨、战争与和平，还包括了人与精神的建构，即人的迷误和觉醒等。事件的美是社会生活自身所展示美。物是人所制作的器具和产品。它不是自然物，而是人工物。因此它自身凝聚了人的存在和事件所发生的历史。作为社会之物的美不仅是物性自身的美，而且也是人性自身的美。

論大道

当然社会美作为一个纯粹的审美现象是困难的。这在于人的社会生活就其自身而言是功利性的，并非是无功利性的。人本身是一个功利性的存在者。他作为一个欲望的人要去占有，作为一个技术的人要去制作，作为一个智慧的人要接受大道的指引。但当欲技道的游戏完成时，人既没有了欲望，也舍弃了技术，但获得了大道。此时的人超出了功利性，而成为无功利的人。一个超功利的人是审美的人，而具有了人格美。与人一样，社会生活所发生的事件本身也是功利性的事件。人的基本欲望推动了社会生产，亦即人自身的生产和物质资料的生产，同时大道指引社会的欲望如何去占有，技术如何去制作。但在事件已经发生并完成之后，欲望、技术和大道就超出了功利性，具有了无功利性。一个事件由无审美价值变得有审美价值，一个非美的事件成为了一个美的事件。与人和社会事件相同，器物在人的生活世界中原本也是作为功利性的存在者。人之所以制造一个器物，是因为人源于自身的欲望的占有而去制作一个物。但当物已满足了人的欲望而不再充当工具且不再需要大道指引的时候，就超出了功利性而具有非功利性。器物获得了审美价值，由此它成为了美的存在者。

在自然美和社会美之外，生活世界还存在心灵美。一般认为，心灵是内在的、隐蔽的。但是心灵会将自身显现出来。它一方面表现为语言和符号，通过声音说出来，通过符号标画出来；另一方面它表现为人的现实活动，并将自身变成物化的作品。艺术美是心灵美纯粹而创造性的显现。它之所以是纯粹的，是因为它去除了非审美性，而只是保持了审美性；它之所以是创造的，是因为它不仅是现实在心灵之中的反映，而且是心灵自身对于美的构建。

但人的心灵是复杂和多样的。按照一般的理论，人的心灵可以区分为认识、意志和情感。认识相关于真，意志相关于善，情感相关于美。不仅真的认识和善的意志都不是无功利性的，而且非美的情感也不是无功利性的。只有美的情感才是超功利的。但人的心灵是如何完成从功利性到超功利性的转变的呢？这依然要在欲技道的游戏中寻找答案。在生活世界中，人怀有欲望心去占有，怀有技术心去制作，并接受大道或者智慧的指引。这种游戏不仅是心灵的，而且是语言的，此外还是存在的或者现实的。正是在心灵、语言和现实的一体活动中，游戏完成了自身，达到了完满。当心灵满足了自身的时候，它就没有了欲望和技术，同时让外在的大道或智慧成为了内在的大道或者智慧。由此心灵由功利性转变成了超功利性，也就是达到了审美性。它的美犹如光芒和镜子。

我们虽然将美的形态分为自然美、社会美和心灵美，但它们其实是不可分割的，而是相互联系的。贯穿这三个领域的美的红线就是人自身的美。人是世界一切存在者的美的聚集和顶峰。人自身包括了自然美，人的身体是自然界中最美的形体，胜过了一切矿物、植物和动物。人也是社会美的主体，一切美的事和物都是人所生发的美。人也是心灵美的载体，心灵美正是人自身所开放的最美的花朵。

美是欲技道游戏显现的作品。游戏是不断生成的，美也是不断生成的。但唯有生生不息者才是永恒的。

論大道

当代哲学应该具有一种什么样的形态？面对这一问题，后现代通过对于现代的反抗已提出了多元策略，特别是所谓的解构主义更是风行一时。但中国由于其或显或隐的民族主义的情怀已经将这个问题中国化：当代中国哲学应该具有一种什么样的形态？这就是说，它如何不同于自身的传统，同时它又不同于西方的传统和当代？这一任务是如此地艰难和沉重，以至导致了中国思想界不同程度的焦虑，并产生了一系列的问题：如何保证中国哲学的合法性？如何产生原创性的中国当代哲学？如何让汉语讲哲学？如此等等。

事实上，任何人对于这些问题都不能给予一个确定性的问答。正确的道路是要对于问题本身进行追问：我们为什么要提出这样的问题？虽然哲学的本性一直处于问题之中，但时代向哲学提出问题才使哲学的本性更加成为问题。因此当代思想最值得思考的问题是：什么是时代向哲学提出的问题？对于世界而言，这是一个虚无主义、技术主义和享乐主义的时代；对于中国而言，这是一个全球化浪潮中中西思想撞击的时代。它们向哲学提出了不可回避的问题，即什么是虚无主义、技术主义和享乐主义的本性？什么是中西思想撞击中的思想？只有面对这样的问题，我们才能追问：当代哲学应该具有一种什么样的形态？

显然，哲学作为思想具有其自身的本性，同时也具有时代性。一个保持了哲学的本性的思想不可能是其他什么东西，而只是批判。但一个具有当代特性的思想必须和它的历史形态相分离，而具有时代的特点。如果说历史上的思想是基于某种原则的批判的话，那么当代的思想作为其反叛则是一种"无原则的批判"。这其实是对于"实事求是"这一古老说法的当代阐释。

一、批判

将哲学的本性规定为批判，这会导致很多人的怀疑。一方面，哲学自身是一种思想，甚至是关于思想的思想；另一方面，哲学与现实的关系是互动的，既反映也指导。这些似乎和批判没有直接关联。但事实上，无论是哲学自身还是它与现实的关系都建基于批判。这就是说，哲学是自身批判和对于现实的批判。

但什么是批判自身呢？

在日常语言中，批判或者批评的意义是否定性的，与作为肯定性的表扬或者赞扬相对。批判通常是批判者指出被批判者的缺点，并揭示其原因。当批判者和被批判者相异的时候，批判就成为了一般意义的批判；当它们相同的时候，就成为了自我批判。这种批判之所以可能，是因为批判者借助于某种既定的尺度来衡量被批判者并由此发现其与尺度的不足。

这种否定意义的批判其实只是日常语言中的一种。批判的另一种语意包含了区分、分辨、审查、评判等。但它首先只是对于事实本身的描述，而不是对于事实的肯定或者否定的评价。如果它要评价事物的话，那么它既可能是否定的，也可能是肯定的。这种意义的批判已

論大道

经克服了作为否定意义的批判的狭隘性，为接近批判的本性敞开了一条可行的通道。

让我们看看思想是如何作为批判现象发生的。

所谓思想总是关于所思考之物的思考，也就是关于事物的思想，不管这个事物是现实的还是非现实的。思想的任务就是要将它所思考的事物揭示出来、显示出来，从而让事物成为自身。

一个事物成为一个事物，也就是获得了它自身的同一性。但事物自身的同一性同时也意味着与他物的差异性。这就是说，一个事物是自己而不是他物。在"是"与"不"之间的界限正是事物自身的边界。

边界又意味着什么？边界是一条特别的界限，是一个事物的起点和终点。在起点的地方，事物开始自身；在终点的地方，事物完成自身；在起点和终点的中间，事物展开和发展了自身。于是事物在边界之中使自身成为了一个完满的整体，也就是一个具有开端、中间和终结的结构。

因此正是在边界这个地方，一个事物才能成为自身，同时与其他事物区分。一般所谓的无序和有序、混沌和世界的差异就在于无边界和有边界。如果一个地方尚没有边界的划分，那么它就是无序的并因此是混沌；如果一个地方已经划分了边界，那么它就是有序的并因此是世界。边界构成了世界的开端。

虽然边界是事物本身的规定性，但它作为事物最大的可能也是其最大的限度。因此边界就是临界点。在这个特别的地方，一个事物既可能成为自身，也可能不成为自身。它或者是自身毁灭，或者是变成他物。在这样的意义上，所谓临界点也就是危机之处。汉语中的危机包含有危险和机遇双重语意，既是否定性的，也是肯定性的。所谓危险是指事物的死亡，所谓机遇是指事物的新生。

事物的边界并不是始终如一的，而是不断变化的。边界的位移在重新划定事物与其他事物的界限的同时，也改变了事物自身的本性和形态。正是在不断越过自身边界的过程中，事物才是不断生成的，而具有历史，并能够成为"划时代"的。所谓"划时代"就是历史的中断，亦即一个时代的终结和另一个时代的开端。

但事物在确定其边界时向思想发出了吁请，需要思想的参与。与此同时，作为关于事物的思考，思想就是要划分事物的边界。在这样的关联中，思想和事物是同属一起而共同生成的。作为边界的划分，批判就成为了思想的根本规定。

边界的划分包含了如下几个步骤：

首先是区分。批判是对于存在和虚无的区分，也就是一般所谓的分清是非、辨明真假、指出显隐。对于批判而言，是非的界限并非泾渭分明，确定无疑的，而是模糊不清的。这是因为存在许多似是而非或者是似非而是的现象。因此批判不仅是对于是与非的区分，而且也是对于似是而非的斗争。由此它才能描述真实存在的边界。

其次是比较。当批判区分了存在和虚无的事物之后，它所思考的就不是虚无的事物，而是存在的事物。批判就要对于这一事物与其他事物进行比较，由此分出小的、大的、最大的事物。比较意味着评判和评价。但在此它不是一般意义的道德判断或者是价值判断，而是从事物本身出发的存在判断。因此所谓小的、大的、最大的事物并非是道德意义上的善、较善、至善，而是存在自身的形态的差异。

再次是决定。在区分和比较的同时，批判就已经作出了选择和决定：哪些事物是必然存在的，哪些事物是必然不存在的。真正的思想只是走在真正的存在的道路上。在选择和决定的时候，思想表现了一种冒险的勇气，从理论王国进入到实践王国。由此表明，批判自身的本性不仅是理论的，而且也是实践的。它不仅解释世界，而且也改变世界。

二、原则

将思想看作批判并非是一个新异的口号，而是一个古老的说法。任何一个熟悉哲学历史的人都可以列举一串人名，这些人都可以归属在批判思想的名义之下。但是批判包括了很多形态，因此它本身需要接受批判，也就是进行区分。事实上，一般意义的批判只是有原则的批判，而不是无原则的批判。因此我们必须分析原则对于批判的规定。

对于人们来说，原则是一个非常熟知的语词。它一般指已经预先给予的指导方针。作为如此，它在根本上规定了人们的生存、思想和言说。正是在这样的意义上，一些人是无原则的，一些人是有原则的，甚至一些人是原则性非常强的。但在哲学语言的运用中，原则是指最根本的存在，亦即本体。但原则不仅具有这样的名字，而且还拥有其他一系列名字，如始基、开端、基础、原因等。在中国和西方，原则还有一些具体的名字，如中国的道、理，西方的上帝、理性等。它们其实都是原则的各种变式。

那么一种有原则的批判是如何从原则出发去批判的呢？

所谓批判一般是批判者对于被批判者的批判，也就是思想者对于所思考之物的思考。有原则的批判具体表现为两个方面，一是从批判者出发，亦即从我出发；二是从被批判者出发，亦即从物出发。如果从我出发的话，那么原则就是我的立场，如人们所说的某种政治立场或某种意识形态的立场等。如果从物出发的话，那么原则就是物的基础、原因、目的，是对于"为什么"这一问题的回答。如果没有揭示出我的立场和物的依据的话，那么一般的批判就会被认为没有切中事物的根本。

但立场和根据究竟意味着什么呢？

立场就是人所站立的地点。它并非无关于思想，相反在根本上制约了思想。这个特别的地点给予人们一个特定的视角或视点。此视角拥有其相关的视野，如所谓视野的开阔和狭小。更重要的是，视角还会决定了人们的看在何种程度上是盲目、意见或者是洞见。立场不仅规定了人们如何去看，而且规定了什么能被看到。这是因为视阈或者是地平线只是相应于视角而敞开自身，同时万事万物也都只是立于地平线之中才向人显现。

最惯常的立场是日常的态度。当人们思考一个事物的时候，首先和大多是从日常的态度出发的。日常的态度会以种种形态表现出来。一种典型的面具就是"我"。"我"总是说"我以为""我认为"并陈述"我的想法""我的意见"等。另一个典型的面具是"人们"。人们是大家、大众。他们的观点是大多数的乃至是普遍性的。其实，"我"和"人们"的态度并没有根本的不同，而是可以相互置换的。这是因为"我"是日常态度的单数，"人们"是日常态度的复数。甚至可以说，所谓的"我"并不存在，只不过是"人们"的特殊变式。在一定程度上，"人们"的态度支配了"我"的态度，正如所谓的人云亦云。

日常态度当然不是与生俱来的，而是在日常生活世界中形成的。它源于人们在日常生活世界中各种经验，除了个人的私人性的经历之外，就是家庭、学校和社会公众性的各种直接或者间接的影响。但在漫长的时间岁月里，公众性的经验逐渐转换成私人性的经验。这种日

論大道

常态度往往形成了一个看不见的网络。它无形中束缚了人们，迫使人不自觉地接受和采用它。

日常态度具有直接性、惯常性等特征，似乎是一种天性、习惯。它在思考活动中没有受到任何怀疑，因此是没有经过任何反思的。当日常态度无视事物本身的时候，它往往构成了人们理解事物的一种坏的成见和偏见。这在于它具有固执的意愿，它只愿看到自己所愿看到的，而看不到自己所不愿看不到的；同时它只具有弱小的能力，它只能看到自己所能看到的，而看不到自己所不能看到的。在这样的意义上，日常态度遮蔽了对于事物本身的思考。

与日常态度不同，理论态度是超出日常生活世界的经验的。如果说日常的态度较为粗鄙的话，那么理论的态度则是精致的，它甚至以文本的形态，如经书和经典表现出来。在一切理论当中，哲学无疑占有无可比拟的特殊地位，因为它是关于思想的思想，是世界观、人生观、价值观和方法论，也就是给人们提供思想的视角和方式的。凭借这种优势，各种哲学便宣称自己是真理、教条、权威。它们成为了人们理论态度的基础。

中国人的理论态度基本是由传统思想的儒道禅所铸造的，其中当然儒家的思想是主导性的。中国人对于世界和人生的态度就是儒家的态度，也就是依据"天地良心"所给予的尺度。但自近代以来，西方的思想也开始引入中国。它们是与儒家思想不同的思想：古希腊的、基督教的、理性的和非理性的。虽然伴随着古今之争也有所谓的中西之争，但正如人们所说的，中国是非形而上学的态度，西方是形而上学的态度，但中西思想已经在不同程度上构成了人们基本的理论态度。

中西理论由于其典范性往往成为了人们思想的基础。与日常态度相比，理论态度是经过反思的。但这并不意味着任何一种理论的态度具有超出自然态度的优越性，能够通达事物本身。如果理论态度完全脱离了事物本身的话，那么它就会阻碍了对于事物本身的思考。这是因为理论作为思想是只是存在的思想，它来源于存在并回归于存在。因此不是从理论出发去思考事物，而是从事物出发去建立理论。当人们以某种理论作为既定的立场去思考并设定事物的时候，事物就会在理论的视野中变形、扭曲，而失去自身的本性。

如果说立场是从思想者的方面来说的话，那么根据则是从被思考物的方面来说的。根据性思维似乎也可以说成是一种广义的立场性思维。但比起立场性思维来说，根据性思维更加隐蔽。当一般的立场被取消之后，说明根据和建立根据的意图仍然会支配思想自身。这是因为人们总是力图为事物说明根据和建立根据。

作为事物的基础，根据是一个事物作为一个事物去存在的原因。这就是说，当事物有根据的时候，事物才是必然存在的；当事物没有根据的时候，事物就不是必然存在的。万事万物都有其根据，无物没有其根据。虽然根据有许多，但最根本的根据只有几种，如中国的根据有自然、天道等，西方的根据有理性、上帝、自我、存在等。

当人们思考一个事物的时候，就是追问事物的根据。我们采用的最一般的语言句式就是疑问句，即追问"为什么"事物如此存在。"为什么"也就是"为了什么"。这里的"什么"也被表达为本质、原因、目的、本体等。因此思想的使命便是所谓的盘根问底、探本访源，亦即人们所追求的透过现象看本质。哲学的本体论就是这种思想的典型形态。但作为对于本体的探讨，本体论不仅是哲学的一个重要的分支，而且是哲学思想的一般倾向，只要它宣称自己揭示本体、追问事物的根据的话。包括了本体论在内的形而上学自身表明，它要探讨事物之后的第一原因或者是最高的原因。这些原因是不同于形而下的形而上。而作为探讨形而上的学问便成为了形而上学。

追问根据的意愿表明：思想不仅要思考事物，而且要思考事物存在的根据。人们认为，重要的不是事物本身，而是它的根据。但不管根据具有何种形态，它也是一个事物。不过它使事物成为事物，因此具备特别的意义，是第一事物或者是根本的事物。尽管如此，根据并不是思考的事物本身，而是事物之外的另一个事物。当人们将根据作为事物本身的时候，这无疑是一种错误的置换。虽然根据被揭示出来了，但事物本身却遮蔽了。

思想对于事物及其根据关系的揭示主要借助于逻辑的推理论证。推理是由一个以上的命题构成的，其中从某些命题可以推演出另外的命题出来。作为根据的命题就是前提，作为事物的命题就是结论。鉴于前提和结论之间的关系的不同，推理一般分为演绎和归纳两个类型。从一般命题推论出特殊命题是演绎推理，相反，从特殊命题推论出一般命题就是归纳推理。同时演绎推理由于从其前提可以必然地得出某种结论，因此是必然性的推理，而归纳推理由于从其前提不能必然地得出某种结论，因此是或然性的推理。

尽管演绎和归纳逻辑两者论证的顺序和结论的性质不同，但它们有一点是共同的，即将事物本身的说明绝对地建基于根据之上。但这里存在许多疑问。首先，作为根据的前提要么是具有普遍性的公理，要么是具有个别性的事例，它们自身是自明的，没有被追问的。这也就是说，所谓的前提是没有说明根据和建立根据的。其次，根据和事物之间的关系在根本上是同一性的，而不是差异性的。但问题不仅在于事物和根据的同一性，而且在于事物不同于根据的差异性。最后，一个事物虽然根据大前提和小前提得出了结论。但结论本身作为一个具体的事物究竟是如何显示自身的，这却完全被忽视和遗漏了。因此演绎和归纳逻辑在根本上只是指出了一个不同于事物自身的根据，而没有揭示事物自身。

中国传统思想当然具有一般思想的共性，也采用了演绎和归纳推理。但大多认为，中国思想具有不同于西方的独特本性。它不是理性的和逻辑性的思维，而是经验思维。如所谓的诗性智慧、形象思维、象思维、比喻等。其实，这种独特性不过是特别发展了归纳推理中的类比方法。它从一事物和另一事物的类似性出发，由一事物的某种特性推论出另一事物的某种相似特性。人们惯于将天地与人类相比，同时将古人和今人相比。在这种类比的关联中，天地是人类的根据，古人是今人的根据。由此中国思想发展了自然性思维和历史性思维。

当人们究天人之际的时候，就设定了天人的类似，并由此将自然的特性赋予人类。如阳和阴是天与地的特性，但也是男与女的特性，又如天尊地卑、男尊女卑等。比起人类而言，自然具有一种无法超越的优先性。这也就是说，自然成为了人类的根据。它表现在三个方面。第一，存在。在天地人的结构中，天地亦即自然对于人具有绝对的规定性。人生天地间。人在天之下、地之上。因此天地是人存在的绝对界限。第二，思想。人首先从自然中思索出尺度，然后将此尺度给予人。第三，语言。汉字作为象形表意文字给汉语的文本表达的自然性以现实的基础。在具体的文本中，人们首先描写自然，然后描写人，如同诗歌中的先写景再抒情。

基于这种思维的自然性，中国的思想也发展了其历史性的特征。所谓历史在此主要是就编年史的意义而言，而且突出地表现为历代王朝的变迁。一种历史性的思维并不在于对于历史回忆的兴趣，而在于将古人作为今人的根据。但古人之所以是今人的根据，是因为它们因循了天地自然之道。作为榜样、典范、模本，古人为今人开辟了道路，今人不过是步古人后尘而已。于是在中国思想的等级序列中，首先是天地自然大道，然后便是所谓的圣人。当然圣人除了他的功德之外，就是他的言说。圣人之言最后成为了经典。因此毫不奇怪，所谓思想的历史成为了注经的历史，而注经自身则演变为历史的叙述。

然而这种中国式的思维的合理性是值得怀疑的。一方面，作为根据的天地（自然）只是自然而然，没有建立根据和说明根据。另一方面，人与天是各有差异的。与天相比，人甚至是特殊的。因此天与人的关系不具有一种必然的推论关系。自然不是人类，并无人类的特性。自然所具有的人类的特性，不过是人类将自己的观点投射给它，将它拟人化。在此存在一个循环，人以自身的立场设定了自然，然后用自然作为自己的根据。此外，自然性思维重在自然，历史性思维重在古人。由此与自然不同的人类、与古人不同的今人只是具有次要的意义。人本身的存在并没有得到展示。

三、无原则

与有原则的批判根本不同，无原则的批判是对于任何一种原则的根本放弃。作为无原则批判的"无"首先是动词性的，是对于原则的否定或者中断。其次是状态性的，是没有原则，是原则的缺席。但无原则并不是一般意义上的空无，仿佛什么也没有，而是反对任何一种预先给定的立场和根据，唯一承认在纯粹思想中显现的纯粹事物，也就是实事求是。因此无原则批判在此标明了自身与有原则批判的界限：不仅无立场，而且无根据。在这样的意义上，无原则批判在本性上是对于自身的批判，也就是对于批判的批判。唯有对于批判进行了批判，思想对于其他一切事物的批判才有可能。

无原则首先就是无立场。

如果说人从一开始就能没有任何一种立场而直接面对事物的话，那么这只是一种设定，甚至只是一种理想化的虚构。人们的思想并不是一块白板或者是空白，而是已经被各种观点所填充。当人们从事批判的时候，一般都是从某种立场出发并受其支配的，也就是说，人是怀有某种日常态度和理论态度的。正是借助于自然态度和理论态度，人们才可能走向事物。

但对于无原则的批判而言，关键的问题在于区分自然态度、理论态度与事物本身的不同。自然态度、理论态度可能让我们通达事物，但也可能让我们远离事物。当我们对此还无法判断的时候，一个重要的思想行为就是暂时放弃自然态度、理论态度，而直接走向事物自身。

在这样的意义上，无原则的批判将自己理解为去蔽，也就是去掉思想自身的遮蔽性。去蔽主要是凭借于思想对于自身的否定而实现自身的转变。思想自身的否定一般被描述为中断，也就是中断从自然态度和理论态度而来的各种判断。它也被描述为遗忘，也就是排除从预先立场出发的各种先见和偏见。通过这种种思想的行为，让思想达到空无。人们还给予这种思想的状态以其他的名字：虚无、宁静等。

思想当然也不能执着于否定。这是因为当思想将否定极端化的时候，否定也会如同它所否定的日常态度和理论态度一样，构成一种无法自身意识的先见和偏见。它虽然去掉了一重遮蔽，但也会构成一重新的遮蔽，掩盖了思想和所思考之物的本性。因此思想不仅要实行否定，而且也要对于否定进行否定；思想不仅要无，而且也要无无。这就是说，否定不仅要否定日常态度和理论态度，而且要否定自身。否定始终是在双重意义上表现自身的。

在否定的过程中，思想达到了其自身的本性。作为其自身，思想是纯粹的、朴素的。人们一般将处于本性之中的思想描述为透明、光明、空灵的。作为如此，思想虽然是存在的，但仿佛放弃了自身，而只是听从于它所思考的事物。于是我们看到了思想和事物之间的一种特定的关系：不是让思想去设定事物，而是让事物来规定思想。在这样的关系中，思想的力量表现为没有任何力量，也就是无能，而唯一决定的就是事物本身。因此事物在思想中便可能将自身作为自身显示出来了。

因此对于无原则的批判来说，问题的关键并不在于人是否有某种立场，而在于是否对这种立场进行了批判。这也就是说，首先不是从自然态度和理论态度所设定的立场出发去思考事物，而是从事物自身出发去思考事物。在此基础上，对人自己的立场进行反思，由此揭示自然态度和理论态度的限度，以及它们是否和在何种程度上阻碍了思想去接近事物的本性。于是无原则的批判在事实上是在从事对于自然态度和理论态度的划界。一方面，对于日常态度，要区分哪些是遮蔽了事物本身的，哪些是敞开了事物本身的；另一方面，对于理论态度，也要区分哪些是关于事物的谬误，哪些是关于事物的真理。

无原则其次是无根据。

虽然无立场的思想为事物本性的显现敞开了道路，但它仍然是不充分的。这是因为人们固然从"我"的方面取消了立场，但在我思考的"物"的方面却仍然可能存留种种根据。人们对于根据的思考将取代在根据之上的事物的思考。因此无原则的批判不仅是无立场的，而且是无根据的。

无根据在根本上就是放弃说明根据和建立根据的意愿，克服形而上学和本体论的冲动。当然对于根据的否定过程是非常困难的。一方面，人们断言一切存在者只有凭借充分的根据才能存在；另一方面，人们认为思想的任务就是说明根据和建立根据。因此无根据的思想就必须和思想的任务作斗争，否定事物的根据乃至根据自身。

首先，事物无根据。人们为了回答事物"为什么"这一问题，习惯于将事物安置于一根据之上。根据或者意味着原因，亦即"因为什么"，或者意味着目的，亦即"为了什么"。这实质上是将一个事物和另外一个事物建立了联系。不仅如此，思想在此发生了根本性的变化，也就是将对于事物的探讨转向了对于另一个事物的探讨。但一个事物如果作为事物自身的话，并不以另外一个事物作为自身的根据，亦即原因和目的。这就是说，事物自身的存在以自身为原因和目的，并不因为什么和为了什么。因此事物本身是没有根据的。

其次，根据本身没有另外的根据。当人们为某一事物寻找根据的时候，并没有为根据寻找另外的根据。如果人们试图为根据寻找另外的根据的话，那么思想就会陷入无穷后退，永无完结。呈现在人们面前的将是一系列的作为根据之物的置换。这将表明，根据自身不能作为自身的根据，始终以另外的事物作为自己的根据。一旦人们将根据自身作为自身的根据的话，那么这将意味着根据自身是没有另外根据的，也是不需要另外根据的。但当根据作为一个特别的事物自身是没有根据的时候，它也是不能充当另外一个事物的根据的。

最后，思想不是说明根据和建立根据。将思想的本性看成是说明根据和建立根据是形而上学和本体论的基本设定，是一种强调同一性而轻视差异性的观念在作祟。在说明根据和建立根据的时候，思想无非是将对于事物本身的探讨变成了对于事物之外的事物的探讨。它的过程便是所谓的论证，也就是依根据而来的对于事物的存在的证明。

論大道

但如果思想放弃形而上学和本体论，只是关注事物自身的本性，也就是它自身的同一性和与他物的差异性的话，那么它将走在一条真正的通向事物的道路上去。思想只是走向事情本身，也就是就事论事。由此而来，思想的过程不再是论证，而是显示。显示就是显示事物本身，也就是一个事物和另外一个事物相区分的边界。作为一个事物起点和终点，边界不是根据也不需要一个根据。一种关于事物边界的思想就是揭示事物从起点到终点是如何生成和展示自身的。这种对于边界的揭示不是其他什么思想，而就是批判，而且是无原则的批判，因为它不是说明根据和建立根据。

将思想的本性规定为无原则的批判并不是一种别出心裁、标新立异的行为。事实上，无原则的批判是人类历史上一切真正思想的隐秘动机，也就是实事求是。中国的老庄和禅宗的思想以各种方式解析了自然态度和理论态度，并要求放弃各种对于事物说明根据和建立根据。当然对于它们而言，无原则的批判的思想不仅并不彻底，而且朦胧不清，没有真正形成思想的主题。将无原则的批判主题化是西方现代和后现代思想的一个基本的工作。伴随着对于传统形而上学和本体论所贯彻的同一性思想的反抗，一种非同一性也就是差异性的思想得到了确认。思想的口号就是走向事物本身。在这样的思考中，不仅事物作为自身将自身显示出来，而且每个事物作为它者都是它样的。将在人类思想中已经存在的无立场和无根据的思考称为无原则的批判，这不过是一种自觉的命名、一声明确的呼唤而已。

毫无疑问，当从一般的自然态度和理论态度出发的时候，人们只会坚持有原则的批判，而不会赞同无原则的批判，同时还会对于它有各种猜疑和误解。面临各种可能的非难和指责的意见，无原则的批判必须为自身辩护。

首先，无原则的批判不是是非不明。无原则在日常语言中常常被等同于没有坚定的立场，因而模棱两可、含糊不清。如果一种思想是无原则的批判的话，那么它可能被认为是一种极其混沌的思想。但无原则的批判本身正好是主张划清事物的边界，并要求区分、比较和决定。在这样的意义上，它在根本上强调了明辨是非。

其次，无原则的批判不是无政府主义。无政府主义不仅是一个政治概念，不适合描述思想的特性，而且它的"主义"作为一种理论的极端化也是一种原则的运用。因此无政府主义和无原则的批判之间存在着一条明显的鸿沟。无原则的批判将自己在本性上理解为一种思想的行为，同时它也反对任何一种以主义出现的理论的教条化。

然后，无原则的批判不是虚无主义。虚无主义一般被认为在认识上是否定一切，在价值上是颓废没落。但无原则的批判既不是虚无主义的一种形态，也不给它提供可能的思想基础。这是因为无原则的批判始终坚持思想是关于事物的思想，而事物本身在思想中将自己的存在揭示出来，也就是将意义生发出来。由此而来，无原则的批判切断任何和虚无主义可能的关联。

最后，无原则的批判也不是一种特别的有原则的批判。人们认为，不仅无原则的批判中的"无"是一种原则，而且在批判中的事物也可能成为一种原则。但这是对于原则的误解。原则被规定为立场和根据。对于有原则的批判而言，它依照原则，源于立场并寻找根据；与此相反，无原则批判反对原则，也就是放弃立场，去掉根据。因此无原则的批判不容被误解为有原则的批判的一种特殊形态。

对于种种关于自身的意见的批判，无原则的批判事实上也是在从事一种对于自身的去蔽的工作，而显示自身。

四、三种批判

当无原则的批判真正从事批判活动的时候，它究竟批判什么？它不是批判其他什么东西，而是批判世界。对于世界的批判是无原则的批判的最根本的批判。

但世界是什么？尽管世界有很多规定，如物质的、精神的、上帝创造的和自然而然的等，但它直接呈现给思想的是人生活于其中的世界。一般人将其描述为人生在世，亦即生活世界。但对于批判而言，问题的关键并不在于分析其构成的要素，如人、世界以及人的存在活动等，而在于揭示世界是如何作为世界显示自身的。生活世界的活动自身表明，它是欲望、技术（工具）和大道（智慧）三者之间的无限游戏活动，我们将其简称为欲、技、道的游戏。

生活世界的游戏始终是被欲望所推动的。只要人存在着，欲望就存在着。欲望就是生存之欲，因此欲望是人的存在的显现的一个标志。同时欲望指向所欲望之物，它推进了生产和消费。与欲望不同，技术作为手段和中介似乎从来都不是自在自为的，而是为它所用的。但除了为欲望和大道效劳外，技术自身也有自身的任务。这就是说，它要成为一个好的技术，亦即利器。一个好的技术，如高科技，有自身的道路，它甚至无视自然和道德的界限。当欲望和技术各从自身的角度来参与生活世界的游戏时，大道或者智慧也到来与它们同戏。作为关于人的存在的规定的真理，大道自身本来是与欲望和技术不同而分离出来的知识，反过来，它又指引欲望和技术。大道首先是对于欲望划界。它指出哪些欲望是可以实现的，哪些欲望是不可以实现的。智慧其次是对于技术划界。它指出哪些技术是可以使用的，哪些技术是不可以使用的。在这样的划界过程中，欲望和技术也就区分成两种，一种是合于大道或者智慧的，另一种是不合于大道或者智慧的。

生活世界的游戏就是欲望、技术和大道或者智慧三者的游戏。尽管它们角色不同，但都具有存在和发展的权利。在整个游戏活动中，每一方都从自身出发，并朝向另外两方，由此构成了两重关系。一方面它们是同伴。这是因为整个游戏依赖于三方的共同在场，其中任何一方的缺席都将导致整个游戏的失败。另一方面它们是敌人。这在于每一方自身的肯定都是对于其他两方的否定。在这样的意义上，欲望、技术和大道是敌人般的朋友，或者是朋友般的敌人。因此整个生活世界的游戏也就是它们的斗争与和平，是相克相生。

我们看到，生活世界的游戏没有某种外在的立场和根据，如自然的宿命、上帝的旨意和先知的预言等，而是自己建立根据并以自身为目的的活动。不仅如此，就生活世界游戏自身而言，它也没有一个绝对的原则。虽然大道划分边界，限定了人的欲望和技术，但它自身也不是永恒的和无限的。正是因为如此，所以欲望和技术也会突破大道的规定，并促使大道改变自身，于是才有旧的大道或者智慧的死亡和新的大道或者智慧的诞生。

在这样的意义上，生活世界的游戏本身就是一种无原则的批判活动。这意味着，存在和思想是同属一起、共同生成的。从思想的方面来探讨无原则的批判不过是服从存在那一方面的无原则批判的规定，并将其主题化而已。所谓无原则的批判就是区分生活世界游戏中欲、技、道三者的边界。

但生活世界一般显示为语言、思想和现实三个层面，故无原则的批判包括三个维度，即语言批判、思想批判和现实批判。

論大道

1. 语言批判

语言批判即对语言进行划界。

哲学思想不仅在语言的领域里而且借助于语言来从事自己的工作。虽然一般人也赞成这样的看法，但它过于笼统。这是因为不仅哲学，而且一切科学特别是文学都存在于语言的王国里。因此人们必须考虑哲学语言自身的本性。哲学使用的并不是一般的语言，而是特别的语言。这就是说，哲学语言不仅不同于日常语言，而且也不同于文学语言。通常认为，文学语言和哲学语言的差异在于：前者是形象和诗意，后者是概念和逻辑。

古典哲学中的语言是以概念的形态出现的。概念的本性是把握、概括。它固然也是一个语词，但不是一个一般的语词，而是一个人类理性把握事物本质的语词。概念之所以在古典哲学中具有关键性的意义，是因为它是理性的工具，而人的本质正好被理解为理性的动物。作为古典哲学建筑术的基本工具，概念构成了命题，不同命题之间的推论关系形成了演绎逻辑或者是归纳逻辑。理性由此构筑了自身的建筑结构。

从古典哲学到现代思想的一个根本性的变化是哲学的语言由语词取代了概念。这在于：人的规定从理性的动物转变为语言的动物，同时语言不是狭义地理解为对于事物的概念的把握，而是广义地看作是对于事物现象的语词的描述。但作为语词本身，它并不是明晰的，而是歧义的甚至是矛盾的。因此哲学的一个基本的工作就是对于语言进行辨析。这包括了语义、语法以及语用的分析等。

对于哲学来说，一个不可回避的问题是语言和世界的关系。它们之间是否有一种必然的关系？如果有的话，那么他们之间究竟是一种什么样的关系？同时它们只有一重关系还是具有多重关系？为了回答语言和世界的关系问题，必须对于语言现象本身进行划界，确定其限度。这是因为语言现象是复杂的，仿佛是一个自身纠缠的网络。

人们一般根据句子的不同表达方式来对语言进行分类。句子大致可以分为陈述性的、意愿性的、情感性的。陈述性的句子描述事实或者事态，意愿性的句子表达人的愿望，而情感性的句子则抒发人的情感。这三种不同的句子或语言实际上与世界具有不同的关系。一个陈述性的句子是对于事物的存在判断，它可能是真的，也可能是假的。一个意愿性的句子则是对于事物的价值判断，它关涉到应该或者不应该的问题。而一个情感性的句子则是关于事物的态度，它是人自身的一种心态、意向等。

与此同时，人们还根据语言所具有的使用形态来对语言进行分类。最典型的形态有日常语言、逻辑语言和诗意语言等。日常语言是人们在日常生活世界中所使用的语言。它是惯用的、熟知的，但又是杂乱的、朦胧的。逻辑语言是一般自然和社会科学所使用的语言，尤其是哲学所使用的语言。它是被思想反思过和处理过的，因此是规范的和明晰的。逻辑语言在当代的典型形态是技术语言，它是人工设置的并具有可操作性。与上述语言类型不同，诗意语言是一种精练的、形象的、情感的语言。它一方面被认为是浪漫的、虚幻的、不真实的，另一方面被认为保持语言本性的，因为它具有指引性。

但只依据语言的表达方式和使用形态的不同对于语言进行划界是不充分的。我们还必须鉴于语言的本性的差异来对语言进行分类。根据语言所说出的话语，语言可以分为欲望的语言、技术的语言和大道或者智慧的语言。欲望的语言是人最原初的语言，它是欲望的呢喃，是对所欲物的呼唤。技术的语言只是将语言自身表现为媒介和手段，它服务于一个目的。大道或者智慧的语言是真理、真道，它给人以教诲和指引。如果说欲望的语言是黑暗的话，那么技术的语言是镜子似的，而大道或者智慧的语言则是光明般的。它们三者构成了语言自身最根本的游戏。一般的思想只是看到了语言的技术或者工具本性，将它理解为思想的外壳。即使当人们注意到欲望的语言和大道或者智慧的语言的矛盾和抗争的时候，他们不是扬道抑欲，就是扬欲抑道。人们从来没有考虑到欲望的、技术的和大道的三种语言之间的游戏。而对于语言批判来说，最关键的是区分欲望的、技术的和大道的语言，并描述这三种语言是如何去游戏的。

2. 思想批判

思想批判即对思想进行划界。

思想是关于存在的思想，也就是关于事物的思想。但思想在其思考过程中是否以及在何种程度上切中了存在，这便让思想自身划分为各种不同的类型。人们将人的思想比喻成一种内在的看的行为，而看本身可以分为盲目、意见和洞见等。盲目是没有看的能力或者是遮蔽了看的视野，于是眼睛什么也没有看到。这种思想就是无知。意见虽然能看并看到了事物，但是它只是看到了事物的周边，而没有看到事物自身。同时它以自己的臆想为主，因此会产生很多意见，似是而非，似非而是。这种思想就是想法。洞见是一种真正的看，它不仅看到了事物，而且看到了事物的自身的本性，也就是看到了唯一的真理。这种思想就是真知。严格说来，思想正是消除盲目、排除意见而达到洞见的过程。只有洞见或者真知才是真正的思想本身。

但思想就其自身而言，具有建筑学结构的本性，因此它包括了一些构成要素。一般而言，人的思想可以分为认识、意志和情感三大部分，它们虽然彼此相连，但各有自身的领地。认识相关于真的问题，意志相关于善的问题，情感相关于美的问题。因此认识、意志和情感的领地不容相互混淆，将认识变成了意志和情感，或者将意志和情感置换成认识。只有当确定了认识、意志和情感的边界之后，人们才能考虑它们之间的关联，甚至是它们三者的统一性。

但将思想区分为认识、意志和情感三个部分仍然是将思想等同于理性，并且是在理性内部的区分。因此认识、意志和情感也可以说成是理论理性、实践理性和诗意（创造）理性。但理性的毁灭和死亡已经意味着它达到了其最大的边界。于是问题不是理性自身的划界，而是理性和非理性的界限的揭示。非理性表现为经验、体验、欲望、情绪等，它们在本性上是疯狂的。思想不仅是理性的，而且也是疯狂的。这样一种疯狂的思想已经超出了理性的界限，而直接呈示人的存在的真实面目。

思想已经在自己的思想过程中丰富和发展了自己。这要求思想批判对于思想的形态重新进行划界。根据思想和生活世界的关系，它可分为关于欲望的思想、关于工具的思想和关于智慧的思想。一种关于欲望的思想是欲望的叙述，尤其是身体欲望的叙述。它自身是欲望的显现、遮蔽、变形、转移、替代和升华等。一种关于工具的思想不仅思考工具，而且将自身变成工具。这种思想的当代形态最典型的是技术性的思想。它是计算、规划、设计等。一种关于智慧的思想是对于已有智慧的回顾和将来智慧的前瞻。它听从道的召唤，并意在为人的存在思索出一条或者多条道路出来。

对于当代中国思想来说，思想批判不仅要对于思想的一般形态进行划界，而且要对于思想的历史形态进行划界。所谓的思想的历史形态表现为已思考的，而且具体地表现为西方和中国思想的历史。思想批判在此的任务是：分辨西方思想的历史本身，同时分辨中国思想的历史本身，最后标明中西思想的边界。

一般认为，西方的思想的本性是理性。但这种说法还必须获得更具体的规定，也就是要考虑理性在不同时代所具有的不同意义。古希腊推崇理论理性，主张沉思的生活是人的最高的生活；中世纪则凸显了实践理性，强调了上帝的意志以及人对于它的服从；近代则发展了创造理性或者是诗意理性，揭示了思想自身的设立和对于世界的设立。但现代思想发生了根本性的转变。其主题不再是理性，而是存在，特别是人的存在。同时不是理性决定存在，而是存在决定理性。这使思想的形态也改变自身，它不是逻辑，而是源于存在本身的经验。但后现代断定现代思想仍然保持传统思想的遗迹，因此它要消除其形而上学的残余。后现代将语言形成了自身的主题。语言是差异的、断裂的、甚至是悖论性的。从对于语言的探讨出发，后现代建立了思想的解构或者是消解策略。

与西方思想的历史不同，中国只有朝代的更替，并无所谓时代性的变化。时代是时间的中断，而朝代是时间的轮回。虽然中国思想在其漫长的历史时期出现了众多的思想潮流，并具有复杂的演变，但其基本主干是儒道禅三家。它们主宰了中国思想的历史，并影响了一些非主流的思想。儒道禅之所以成为中国思想的主干，是因为他们揭示了中国人生活世界的三个方面：自然、社会、心灵。但其中自然是规定性的，天人合一是基调性的。因此中国的历史可以称为是自然主义的时代。与传统相异，我们所处的这个时代是后自然或后自然主义时代，因为自然和天人合一已经失去了它对于人类的规定性。自然性终结之后，时代会出现各种可能的东西。毫不奇怪，在这样的时代里，前现代、现代和后现代的因素都混杂在一起。

无论是对于西方人，还是对于中国人，当代一个命运般的事实是：全球化加剧了中西文化、思想的相遇和碰撞。因此任何一方都必须将自己的目光投向思想的"他者"，并进行比较。于是哲学或者思想自身就成为了比较哲学或比较思想。当然，比较不是两种以上的材料的排列，更不是随心所欲的比附，而是批判。这就是说，比较不仅要找到中西思想的同一性，而且要找到其差异性，亦即边界。此边界之处正是当代思想的真正开端之处。在这样的意义上，当代的思想批判就是走在中西思想的边界上。

3. 现实批判

现实批判即对现实进行划界。

现实作为人的当下的存在处境并不是远离思想和语言的，而是关联于它们。当然，现实和思想、语言之间的关系绝非一种单一的线性的关系，而是多面的、复杂的。一方面，现实是语言和思想的实现，或者是实现了的语言和思想；另一方面，语言和思想是现实的显现，是关于现实的思考和言说。因此现实是一个包括了思想和语言在内的人的存在整体。我们将它规定为欲、技、道的游戏活动。

一个现实的欲望就是人的生存的欲望，也就是其基本的本能，食欲和性欲。食欲的完成维系了个人的存在，性欲的实现保持了种族的繁衍。人的基本欲望推动了人类历史的根本活动，亦即以物质生产为主的经济活动。但也正是在这种活动中，人也发展和丰富了自己的欲望。欲望不仅是身体性，而且是精神性的，此外还有对于欲望的欲望。虽然人的身体性的欲望是始终存在的，但它不仅具有自然的意义，而且具有文化的意义，并获得了各种不同的历史形态。因为欲望是发展的、生成的，所以它始终是生生不息的。但欲望及其满足并非消极的，是消费性的，而是积极的，是生产性的。

人在其欲望及其满足的过程中，必须借助于技术。制造和使用工具一向被看成是人的基本本性，并由此不同于动物。事实上，人的生活资料的生产是凭借于工具的生产，而生产资料的生产是对于工具自身的生产。人首先让身体自身成为工具，然后采用自然物，最后发展了技术。在这样的意义上，工具不仅使人区别于动物，而且使人区别于自己，而形成不同的历史。于是人类历史成为了工具的历史：石器时代、铁器时代、机器时代、高科技时代等。工具在其不断进步的过程中，不仅更好地实现人的欲望，而且在根本上在改变了自然和人类本身。

作为对于欲望和技术的指引，大道与欲望和技术一起参与了生活世界的游戏。虽然大道或者智慧是关于人的存在的真理，是以语言的形态表现出来的，但它绝对不是空洞无力，相反它具有强大的现实力量。大道或者智慧的语言不仅是格言、箴言，而且也是经文或经书，是神的道或者是圣人的话语，因此它是神圣的，支配了人的内在的信念。同时智慧的话语还获得了外在性的权力。它是律令、制度和游戏规则，因此它的规定是不可侵犯的。与此相关，一些建制和机构保障着智慧话语的执行。于是大道或者智慧成为了一种权力话语。正如儒家的智慧铸造了中国的历史，基督教的智慧也统治了西方的历史。

在描述了现实意义的欲望、技术和大道或者智慧的基本本性之后，我们还要将目光瞥向我们自身所处的时代。在这个时代里，道、欲、技具有一种什么样的规定性？它们是如何去游戏的呢？当我们注意我们时代的生存状态的时候，不难发现：首先是传统大道或者智慧的缺席，其次是现代技术的控制，最后是个人欲望的膨胀。因此当代形成了三个倾向：虚无主义、技术主义、享乐主义。

虚无主义并不是否定世界的存在，而是认为世界或人生是虚无的、没有意义的。在历史上，西方的上帝和中国的天道曾给予了人的存在的意义，因此人的生活是充实的和稳固的。伴随着西方上帝的死亡和中国天道的衰微，虚无主义开始了在全球的肆虐。在我们的时代里，旧的智慧已经终结或者只是残余，而新的智慧尚未产生，这提供给虚无主义最好的时间和最大的空间。因为我们这个世界没有根基，上帝不存在，天地良心不存在，所以一切都行，一切都可以做。这意味着不仅一切好的都可以做，而且一切坏的也都可以做。

技术主义不等同于技术，技术主义是技术的极端化或普遍化。一方面，科学让位给技术，另一方面，技术伪装成科学，并宣扬科学无禁区，科学是万能的。技术主义在我们时代的表现是惊人的。技术不仅仅是要控制自然，而且要控制人本身，包括我们的身体，思想和语言。所谓的信息化时代就是对语言控制的时代，如手机、互联网、广播电视等就构成了技术化处理的语言天地，任何人都无法逃离它。

虚无主义和技术主义为享乐主义制造了无限的可能。所谓享乐是欲望的满足，尤其是身体欲望的实现。在生活世界的游戏中，欲望及其满足有它的限度。但虚无主义让人的欲望失去了它的边界，一切都是可欲的，不仅物，而且人都可以成为可消费的。技术主义通过各种工具的采用不断刺激并满足人的欲望，导致了欲望无边，同时欲望实现的可能性也变得无穷。

鉴于虚无主义、技术主义和享乐主义在我们时代的流行，我们必须思考欲望、技术和大道或者智慧的本性，并划分其边界。实事求是——这正是无原则批判的使命。

后　记

　　本书是我对于同一问题的不同维度长期思考的总结。有诗为证：

　　西探海德格，

　　中论儒道禅。

　　漫游古今路，

　　开说欲技道。

　　谨以本书献给我的导师刘纲纪先生、李泽厚先生、Boeder 先生。

　　我感谢一切对于本书有所贡献的人。其中特别感谢洪琼先生，他将本书纳入了人民出版社的出版计划；感谢张凡枝女士、彭国进先生、江黎明先生、熊伟先生、姚海泉先生和杨凯军先生，他们以不同方式支持了我的研究工作；感谢胡静女士和高思新先生，他们为我校对了此部文稿。

　　愿本书的思想能激起同思的人们的思想。

彭富春

2020 年 1 月 10 日

于武汉大学

责任编辑：洪　琼

图书在版编目（CIP）数据

论大道 / 彭富春 著 . — 北京：人民出版社，2020.6
ISBN 978 - 7 - 01 - 021943 - 1

I.①论… II.①彭… III.①人生哲学－研究 IV.① B821

中国版本图书馆 CIP 数据核字（2020）第 039456 号

论大道

LUN DADAO

彭富春　著

人民出版社 出版发行

（100706　北京市东城区隆福寺街 99 号）

北京盛通印刷股份有限公司印刷　新华书店经销

2020 年 6 月第 1 版　2020 年 6 月北京第 1 次印刷
开本：710 毫米 ×1000 毫米 1/16　印张：18.25
字数：300 千字　印数：0,001-8,000 册

ISBN 978 - 7 - 01 - 021943 - 1　定价：56.00 元

邮购地址 100706　北京市东城区隆福寺街 99 号
人民东方图书销售中心　电话（010）65250042　65289539